普通高等教育"十三五"规划教材

Python 程序设计基础

虞 歌 主编

中国铁道出版社有限公司
CHINA RAILWAY PUBLISHING HOUSE CO., LTD.

内 容 简 介

本书是以 Python 语言（Python 3 版本）作为入门语言的程序设计教材，以崭新的思路进行设计和编排。全书以程序设计零起点读者为主要对象，以培养程序设计能力为目标，简洁通俗，循序渐进，通过例题，重点讲解程序设计思想和方法，力图将 Python 语言基础知识介绍和程序设计能力培养完美结合，培养读者对程序设计的兴趣，提高读者程序设计能力水平。

本书共 10 章，包括程序设计概述，基本程序设计，程序的控制结构，函数，字符串、列表和元组，字典和集合，对象和类，继承和多态，异常处理以及文件。

本书适合作为高等学校学生学习程序设计课程的教材，也可供程序员和编程爱好者参考使用。

图书在版编目（CIP）数据

Python 程序设计基础/虞歌主编. —北京：中国
铁道出版社，2018.6（2024.1 重印）
普通高等教育"十三五"规划教材
ISBN 978-7-113-24496-5

Ⅰ.①P…　Ⅱ.①虞…　Ⅲ.①软件工具-程序设计-
高等学校-教材　Ⅳ.①TP311.56

中国版本图书馆 CIP 数据核字（2018）第 102639 号

书　　名：Python 程序设计基础
作　　者：虞　歌

策　　划：祝和谊　　　　　　　　　　编辑部电话：（010）51873202
责任编辑：周　欣　徐盼欣
封面设计：崔丽芳
责任校对：张玉华
责任印制：樊启鹏

出版发行：中国铁道出版社有限公司（100054，北京市西城区右安门西街 8 号）
网　　址：http://www.tdpress.com/51eds/
印　　刷：河北宝昌佳彩印刷有限公司
版　　次：2018 年 6 月第 1 版　　2024 年 1 月第 6 次印刷
开　　本：787 mm×1 092 mm　1/16　印张：16.5　字数：395 千
书　　号：ISBN 978-7-113-24496-5
定　　价：45.00 元

前言

随着信息产业的迅速发展，软件人才的需求量越来越大。程序设计是软件人才必备的基础知识和技能。

程序设计基础是一门理论与实践密切相关、以培养学生程序设计能力为目标的课程。如何消除学生学习程序设计的畏难情绪，使学生顺利进入程序设计的大门，逐步掌握程序设计思想和方法，提高实践动手能力，是本课程教学的难题。

程序设计既是科学，也是艺术。学习程序设计是一件非常辛苦的事情，要有非常强的耐心和实践精神，需要花费大量的时间，不可能一蹴而就，必须从某个起点开始循序渐进。

本书就是一个很好的起点。本书以程序设计零起点读者为主要对象，采用 Python 语言（Python 3 版本）作为程序设计的描述语言。Python 语言是目前业界广泛使用的程序设计语言，编者确信选用 Python 语言作为程序设计基础课程的教学语言是正确的选择。在教学实践中，编者感到 Python 语言的简洁、灵活和高效，能够带给软件开发者无尽想象的空间，同时也深深感到讲授 Python 语言过程中面临的困难和挑战，意识到在程序设计基础课程中讲授 Python 语言并不是那么容易的。

尽管目前有关学习 Python 语言的书籍很多，但学习 Python 语言仍然让大多数初学者心存畏惧。编者一直从事程序设计方面的教学和科研工作，主讲过多门程序设计课程，积累了丰富的教学经验。在本书编写过程中，编者结合自己教学和使用 Python 语言的经验和感悟，以程序设计为主线，通过例题，简洁通俗讲解程序设计思想和方法，并穿插介绍相关的语言知识，循序渐进地培养学生程序设计能力。本书对那些渴望掌握 Python 语言而又心存畏惧的初学者而言是一个很好的选择。

教学改革的重点之一，就是要抓学生实践动手能力的培养，学生的能力是实现就业的决定因素，而就业率又是体现教育质量的重要指标。杭州师范大学作为国内首家服务外包本科学院以及教育部、商务部在江苏、浙江两省开展地方高校计算机学院培养服务外包人才试点工作单位，我们实施了程序设计课程的教学改革，在教学内容、教学方法、教学手段和考核方式上，基本形成了比较完整的体系，目的就是培养学生的程序设计能力，适应社会对软件服务外包人才培养的需求。本书配有 iStudy 通用实践评价平台，可实现在线学习、练习、测评与考务管理。本书源于教学改革和教学实践，体现了程序设计教学改革的成果。

读者要获取本书的相关资源，请访问中国铁道出版社网站 http://www.tdpress.com/51eds/。

本书由杭州师范大学虞歌主编。在本书编写过程中，参考了部分图书资料和网站资料，在此向其作者表示感谢。本书的出版得到了中国铁道出版社的大力支持，在此表示衷心的感谢。

感谢读者选择本书。由于编者水平和经验有限，书中难免有不足之处，恳请读者提出宝贵意见和建议，使本书日臻完善。编者联系方式：yuge@hznu.edu.cn。

编　者
2018 年 4 月

与本书配套的数字课程资源使用说明

一、云端在线课堂+教材融合

教材使用者请访问教学平台（http://dodo.hznu.edu.cn），开始课程学习。账号请联系作者或编辑。

二、资源使用

与本书配套的数字课程资源按照章、节知识树的形式组织，配有电子教案、案例素材、微视频等资源。

1. 电子教案：教师上课使用的与课程和教材紧密配套的教学 PPT，可供教师下载使用，也可供学生学习使用。

2. 案例素材：每章节的例题源文件、思考与练习答案以及编程题解答源文件，可供教师下载使用，也可供学生学习使用。

3. 微视频：内容涵盖各知识点的讲述和各案例的实际操作讲解，能够让学生随时随地观看比较直观的视频讲解。

目录

第 *1* 章 | 程序设计概述

在学习和使用计算机时，一开始就必须建立正确的计算机系统观点。计算机的组成不仅与硬件有关，而且涉及软件。我们撰写文档、畅游因特网时，使用的文字处理器、浏览器都是在计算机上运行的软件。而软件是使用程序设计语言开发出来的。Python 就是一种流行且功能强大的程序设计语言。本书将带领读者学习使用 Python 语言。

1.1 计算机系统

1.1.1 计算机硬件系统

1. 计算机硬件结构

计算机硬件是计算机系统中所有物理装置的总称。计算机硬件系统有 5 个基本组成部分，即控制器、运算器、存储器、输入设备和输出设备。控制器和运算器构成了计算机硬件系统的核心——中央处理器（central processing unit，CPU）。存储器可分为内存储器和外存储器，简称内存和外存。计算机硬件系统各个基本组成部分之间是用总线相连接的。总线是计算机硬件系统内部传输各种信息的通道。

图 1.1 给出了一般的计算机硬件结构图。

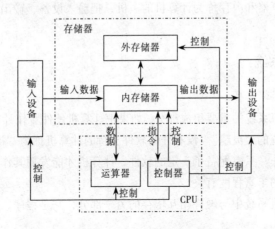

图 1.1　计算机硬件结构图

2．中央处理器

中央处理器由控制器和运算器组成，是计算机硬件系统的核心。

（1）计算机硬件系统的各个基本组成部分能够有条不紊地协调工作，都是在控制器的控制下完成的。程序是完成既定任务的一组指令序列，每条指令都规定了计算机所要执行的一种基本操作。控制器按照程序规定的流程依次执行指令，最终完成程序所要实现的任务。

（2）运算器在控制器的控制下，进行算术运算和逻辑运算。运算器内部有算术逻辑运算单元（arithmetical logical unit，ALU）及存放运算数据和运算结果的寄存器。

3．存储器

存储器由内存和外存组成，其主要功能是存放程序和数据。

（1）内存由大规模或超大规模集成电路芯片构成。内存分为随机存取存储器（random access memory，RAM）和只读存储器（read-only memory，ROM）两种。RAM 用于存放正在运行的程序和数据，一旦关闭计算机（断电），RAM 中的信息就会丢失。ROM 中的信息一般只能读出而不能写入，断电后，ROM 中的原有信息保持不变，在计算机重新开机后，ROM 中的信息仍可被读出。内存由许多存储单元构成，所有的存储单元都按顺序编号，这些编号称为内存地址。内存中所有存储单元的总和称为内存的存储容量。

（2）外存用于存放大量的需要长期保存的程序和数据。计算机若要运行存储在外存中的某个程序，必须将它从外存读入内存中。外存按存储介质材料可以分为磁存储器、光存储器和闪存（flash memory）存储器。磁存储器中最常用的是硬盘（hard disk）。光存储器中最常用的是 CD（compact disk）和 DVD（digital versatile disk）。闪存存储器包括固态硬盘（solid state disk，SSD）、闪存盘（又称优盘、U 盘等）。

4．输入设备和输出设备

（1）输入设备用于向计算机输入程序和数据。最常用的输入设备是键盘（keyboard）和鼠标（mouse）。

（2）输出设备用于输出计算机的处理结果。最常用的输出设备是显示器（monitor）和打印机（printer）。

通常把控制器、运算器和内存称为计算机的主机，把输入设备、输出设备和外存称为计算机的外围设备。

1.1.2　计算机软件系统

1．计算机软件的概念

计算机软件是计算机系统的重要组成部分，如果把计算机硬件看作计算机的"躯体"，那么计算机软件就是计算机系统的"灵魂"。没有任何软件支持的计算机称为"裸机"，只是一些物理设备的堆积，几乎不能工作。只有配备了一定的软件，计算机才能发挥其作用。而计算机功能的强弱也与其所配备的软件的丰富程度有关。

计算机软件是计算机系统中与硬件相互依存的另一部分，它是程序、数据及其相关文档的完整集合。

在程序正常运行过程中，需要输入一些必要的数据。文档是与程序开发、维护和使用有关的图文材料。程序和数据必须装入计算机内部才能工作。文档一般是给人看的，不一定装入计算机。

2．计算机软件的分类

计算机软件一般可以分为系统软件和应用软件两大类。

（1）系统软件居于计算机系统中最靠近硬件的一层，其他软件都是通过系统软件发挥作用的。系统软件与具体的应用领域无关。

（2）应用软件是指为解决某一领域的具体问题而开发的软件产品。随着计算机应用领域的不断拓展和广泛普及，应用软件的作用越来越大。

3．操作系统

最重要的系统软件是操作系统（operating system，OS）。操作系统能对计算机系统中的硬件和软件资源进行有效的管理和控制，合理地组织计算机的工作流程，为用户提供一个使用计算机的工作环境，起到用户和计算机之间的接口作用。

只有在操作系统的支持下，计算机系统才能正常运行，如果操作系统遭到破坏，计算机系统就无法正常工作。

操作系统有如下主要功能。

（1）任务管理。对中央处理器的资源进行分配，并对其运行进行有效的控制和管理。

（2）存储管理。有效管理计算机系统中的存储器，为程序运行提供良好的环境，按照一定的策略将存储器分配给用户使用，并及时回收用户不使用的存储器，提高存储器的利用率。

（3）设备管理。按照一定的策略分配和管理输入/输出设备，以保证输入/输出设备高效、有条不紊地工作。

（4）文件管理。文件是一组相关信息的集合。程序和数据都是以文件的形式存放在计算机外存上的。每个文件必须有一个名字，通过文件名，可以找到对应的文件。文件管理的主要任务是支持文件的存储、查找、删除和修改等操作，保证文件的安全，方便用户使用。

（5）作业管理。作业是指要求计算机完成的某项任务。作业管理的主要任务是作业调度和作业控制，目的是为用户使用计算机系统提供良好的操作环境，让用户有效地组织工作流程。

微软（Microsoft）公司的 Windows 操作系统、苹果（Apple）公司的 Mac OS X 操作系统及 Linux 操作系统都是目前常用的操作系统。

1.1.3　计算机中的信息表示

1．二进制数字表示

在十进制系统中有 10 个数——0、1、2、3、4、5、6、7、8、9，而在二进制系统中只有 2 个数——0 和 1。

无论是什么类型的信息，包括数字、文本、图形图像及声音、视频等，在计算机内部都采用二进制形式来表示。

尽管计算机内部均用二进制形式来表示各种信息，但计算机与外部的交往仍采用人们熟悉和便于阅读的形式。计算机的外部信息需要经过转换变为二进制信息后，才能被计算机所接收；同样，计算机的内部信息也必须经过转换后才能恢复信息的"本来面目"。这种转换通常是由计算机自动实现的。

二进制数往往会很长，读写比较烦琐。因此，常用八进制数或十六进制数来代替表述二进制数。

在八进制系统中有 8 个数——0、1、2、3、4、5、6、7。每个八进制数字相当于 3 位二进制数。

在十六进制系统中有 16 个数——0、1、2、3、4、5、6、7、8、9、A、B、C、D、E、F。字母 A、B、C、D、E、F 对应十进制数 10、11、12、13、14、15。每个十六进制数字相当于 4 位二进制数。

2. 信息存储单位

（1）位（bit），是计算机内部存储信息的最小单位。一个二进制位只能表示 0 或 1，要想表示更大的数，需把更多的位组合起来。

（2）字节（byte），简记为 B，是计算机内部存储信息的基本单位。一个字节由 8 个二进制位组成，即 1 B=8 bit。在计算机中，其他经常使用的信息存储单位还有千字节（kilobyte，KB）、兆字节（megabyte，MB）、吉字节（gigabyte，GB）和太字节（terabyte，TB），其中 1 KB=1 024 B，1 MB=1 024 KB，1 GB=1 024 MB，1 TB=1 024 GB。

（3）字（word），一个字通常由一个字节或若干字节组成，是计算机进行信息处理时一次存取、处理的数据长度。字长是衡量计算机性能的一个重要指标，字长越长，计算机一次所能处理信息的实际位数就越多，运算精度就越高，最终表现为计算机的处理速度越快。常用的字长有 8 位、16 位、32 位和 64 位等。

3. 非数字信息的表示

文本、图形图像及声音、视频之类的信息，称为非数字信息。在计算机中用得最多的非数字信息是文本字符。由于计算机只能够处理二进制数，这就需要用二进制的 0 和 1 按照一定的规则对各种文本字符进行编码。

计算机内部按照一定的规则表示文本字符的二进制编码称为机内码。

（1）西文字符的编码。字符的集合称为"字符集"。西文字符集由字母、数字、标点符号和一些特殊符号组成。字符集中的每一个符号都有一个数字编码，即字符的二进制编码。计算机中使用最广泛的西文字符集是美国标准信息交换码（American Standard Code for Information Interchange，ASCII）字符集，其编码称为 ASCII 码，已被国际标准化组织（International Organization for Standardization，ISO）采纳，作为国际通用的信息交换标准代码。ASCII 字符集采用一个字节（8 位）表示一个字符，所以可以表示 256 个字符。

（2）中文字符的编码。汉字在计算机中也只能采用二进制编码。汉字的数量大、字形复杂、同音字多。汉字的总数超过 6 万个，常用的也有数千个，显然用一个字节（8 位）编码是不够的。GB 2312—1980 是我国于 1981 年颁布的国家标准信息交换用汉字编码字符集，其二进制编码称为国标码。国标码用两个字节（16 位）表示一个汉字。GB 2312—1980 字符集的组成：第一部分为字母、数字和各种符号，共 682 个；第二部分为一级常用汉字，按汉语拼音排列，共 3 755 个；第三部分为二级常用汉字，按偏旁部首排列，共 3 008 个。总的汉字数为 6 763 个。GB 2312—1980 字符集的汉字有限，某些汉字无法表示。随着计算机应用的普及，这个问题日渐突出。我国对 GB 2312—1980 字符集进行了扩充，形成了 GB 18030 字符集（GB 18030—2005）。GB 18030 完全包含了 GB 2312—1980，共有汉字 27 484 个。

（3）Unicode 编码。随着因特网的迅速发展，信息交换的需求越来越大，不同的编码越来越成为信息交换的障碍，于是 Unicode 编码应运而生。Unicode 编码是由国际标准化组织 ISO 于 20 世纪 90 年代初制定的一种字符编码标准，用多个字节表示一个字符，世界上几乎所有的书面语言都能用单一的 Unicode 编码表示。这样，ASCII 字符与其他字符（如中文字符）的编码就统一起来了，简化了字符处理的过程。

1.2　程序设计基础

1.2.1　程序

1. 程序的定义

广义地说，程序是指为进行某项活动所规定的途径。

我们平时所说的日程安排、会议议程等，都是程序的实例。例如，学校要召开运动会，就需要事先编排好程序，从开幕式到闭幕式，每一项活动的时间、地点、人物、设施、规则、管理、协调等都必须有详细、周密的安排。

2. 程序的执行

程序的执行通常有 3 种方式。例如，在正常情况下，运动会按照程序所设定的顺序执行，这称为程序的顺序执行方式；如果遇到意外，例如下雨、运动员受伤等，还必须要准备相应的应急程序，也就是准备两套或多套方案供选择执行，这就是程序的选择执行方式；而当一项比赛有多组多人反复进行时，只需要一套程序反复执行即可，这就是程序的循环执行方式。

3. 计算机程序

算法是解决某个问题所需要的方法和步骤。

如果以计算机作为工具解决某个问题，必须将解决问题的方法和步骤（算法）告诉计算机。因为人无法与计算机直接交流，所以必须使用程序将算法表示成计算机能够理解的形式，然后让计算机执行程序来完成指定的任务。

计算机程序就是人们为解决某个问题用计算机可以识别的指令合理编排的一系列操作步骤。

1.2.2　程序设计语言

1. 程序设计语言的定义

程序设计语言又称编程语言，是编写计算机程序所使用的语言。程序设计语言是人与计算机交互的工具。人要把需要计算机完成的工作告诉计算机，就需要使用程序设计语言编写程序，让计算机去执行。

2. 程序设计语言的发展

没有程序设计语言的支持，计算机并无实用价值。由于程序设计语言的重要性，从计算机问世至今，人们一直在为研制更好的程序设计语言而努力。程序设计语言的数量在不断增加，各种新的程序设计语言不断问世。

程序设计语言的发展过程是其功能不断完善、描述问题的方法越来越贴近人类思维方式的过程。越接近自然语言的程序设计语言，就越"高级"，反之就越"低级"。越低级的语言，学习和使用难度就越大。

程序设计语言包括机器语言、汇编语言和高级语言。汇编语言和机器语言一般被称为低级语言。

（1）机器语言是计算机诞生和发展初期使用的语言。机器语言采用二进制编码形式，由 0、1 组成，如 0000010000001110，是计算机唯一可以直接识别、直接运行的语言。机器语言的执行效率高，但不易记忆和理解，编写的程序难以修改和维护，所以现在很少直接用机器语言编写程序。

（2）为了减轻编写程序的负担，20 世纪 50 年代初发明了汇编语言。汇编语言和机器语言基本上是一一对应的，但在表示方法上作了根本性的改进，引入了助记符，例如，用 ADD 表示加法，用 MOVE 表示传送等。汇编语言比机器语言更加直观，容易记忆，提高了编写程序的效率。计算机不能够直接识别和运行用汇编语言编写的程序，必须通过一个翻译程序将汇编语言转换为机器语言后方可执行。

（3）世界上第一个高级程序设计语言是 20 世纪 50 年代由 John Backus 领导的一个小组研制的 FORTRAN 语言。高级语言与人们日常熟悉的自然语言和数学语言更接近，便于学习、使用、阅读和理解。高级语言的发明，大大提高了编写程序的效率，促进了计算机的广泛应用和普及。计算机不能够直接识别和运行用高级语言编写的程序，必须通过一个翻译程序将高级语言转换为机器语言后方可执行。常用的高级语言有 C、C++、Java、C#和 Python 等。

3．语言处理程序

计算机只能直接执行机器语言程序，用汇编语言或高级语言编写的程序都不能直接在计算机上执行。因此，计算机必须配备一种工具，它的任务是把用汇编语言或高级语言编写的程序翻译成计算机可直接执行的机器语言程序，这种工具就是"语言处理程序"。语言处理程序包括汇编程序、解释程序和编译程序。

（1）汇编程序把汇编语言编写的程序翻译成计算机可直接执行的机器语言程序。

（2）解释程序对高级语言编写的程序逐条进行翻译并执行，最后得出结果。也就是说，类似于外文翻译中的口译，解释程序对高级语言编写的程序是一边翻译、一边执行的。下次执行同样的程序时，还必须重新翻译。

（3）编译程序把高级语言编写的程序一次性翻译成计算机可直接执行的机器语言程序。类似于外文翻译中的笔译，翻译一次就可以反复使用，以后每次运行同样的程序时，无须重新翻译。

1.2.3　程序设计

1．程序设计的定义

程序设计又称编程，是指编写计算机程序解决某个问题的过程。专业的程序设计人员常被称为程序员。

进行程序设计必须具备 4 个方面的知识。

（1）领域知识。这是给出解决某个问题算法的基础。例如，要解决素数判断的问题，必须了解素数的概念以及素数判断的数学方法，这就是领域知识。如果程序员不具备解决某个问题的领域知识，是不可能编写出解决该问题的计算机程序的。

（2）程序设计方法。程序设计方法是指合理编排计算机程序内部逻辑的方法。程序员在具备领域知识的基础上，必须掌握某种程序设计方法，运用适当的思维方式，构造出解决某个问题的算法。

（3）程序设计语言。要使用计算机解决某个问题，程序员必须掌握某种程序设计语言（如Python 语言），运用程序设计语言将算法转换为计算机程序。

（4）程序设计工具。程序员在程序设计时，为了提高程序设计的效率和程序的质量，通常需要使用某种程序设计工具。

2．程序设计过程

程序设计过程应当包括分析、设计、编码、测试、维护等不同阶段。

（1）分析阶段的主要任务是了解问题的背景，理解问题的需求。

（2）设计阶段的主要任务是针对问题的需求，设计出解决问题的算法。

（3）编码阶段的主要任务是运用某种程序设计语言，将算法转换为程序。

（4）测试阶段的主要任务是对程序进行严格的测试，保证程序的质量。只有通过测试的程序才能够交付使用。

（5）程序在交付使用后，就进入了维护阶段。人都有可能犯错误，程序是人的智力产品，无论经过怎样的严格测试，程序中通常还是会存在错误的。在程序交付使用后，也有可能发现程序中的错误，就需要对程序进行修改。在程序使用过程中，可能会对程序的功能提出新的需求，为了实现新的需求，也需要对程序进行修改。诸如此类的修改工作通常称为对程序的"维护"。

程序设计初学者常犯的错误是拿到问题就开始编程，忽略了程序设计过程中的分析和设计阶段，这会严重影响程序设计的质量。初学程序设计时，教材中的题目都比较简单，从这些题目中很难体会到上述程序设计过程的作用。尽管如此，也不应该直接开始编程，而应该首先分析问题的需求，设计出合理的算法。

3．程序设计好坏的界定

程序设计有非常严格的语法规则和很强的逻辑顺序，所以需要熟练掌握和深入理解相应的语法规则，并进行大量的逻辑思维训练和编程实践，才能够设计出好用并可靠的计算机程序。

在保证程序正确的前提下，可读性、易维护、可移植和高效是程序设计的首要目标。

可读性是指程序清晰，具有良好的书写风格，没有太多繁杂的技巧，能使他人容易读懂。可读性是程序维护的基础，如果很难读懂程序，则无法修改程序。

易维护是指当需求发生变化时，能够比较容易地扩展和增强程序的功能。

可移植是指编写的程序在各种类型的计算机和操作系统上都能正常运行，且运行结果一致。

1.3　Python 语言的发展历史与特点

1.3.1　Python 语言的发展历史

1．Python 语言的起源

Python 的作者吉多·范罗苏姆（Guido von Rossum）是荷兰人。1982 年在阿姆斯特丹大学获得数学和计算机科学硕士学位。

吉多在荷兰阿姆斯特丹的国家数学和计算机科学研究所工作期间，参与了 ABC 语言的开发。

ABC 语言以教学为目的，设计目标是"让用户感觉更好"，希望程序设计语言变得容易阅读、容易使用、容易记忆和容易学习，以此来激发人们学习编程的兴趣。就吉多本人看来，ABC 语言非常优美和强大，是专门针对非专业程序员设计的。但是，ABC 语言并没有成功，究其原因，吉多认为是非开放造成的。

Python 语言是从 ABC 语言发展起来的。1989 年的圣诞节期间，吉多为了在阿姆斯特丹打发时间，决心开发一种新的程序设计语言，作为 ABC 语言的一种继承。之所以选中 Python 作为语言的名字，是因为他是 BBC 电视剧——《蒙提·派森的飞行马戏团》（*Monty Python's Flying Circus*）的爱好者。

Python 的设计哲学：优雅、简单、易于理解。

Python 的语法很多来自于 C 语言，但又受到 ABC 语言的强烈影响。

2．Python 语言的发展

Python 是一种用途广泛、解释型、面向对象的程序设计语言。

最初的 Python 完全由吉多本人开发。Python 得到了吉多同事们的欢迎，他们迅速反馈使用意见，并参与 Python 的改进。吉多和一些同事组成了 Python 的核心团队。随后，Python 拓展到了研究所之外，Python 开始流行。

吉多维护了一个邮件列表（maillist），Python 用户通过邮件进行交流。Python 用户来自许多领域，有不同背景，对 Python 有不同需求。Python 开放且易于扩展，当用户不满足于 Python 现有功能时，很容易对 Python 进行拓展改造，将不同领域的优点带给 Python。这些用户将改动发给吉多，由吉多决定是否将这些改动加入到 Python 中。

2000 年发布了 Python 2.0 版本。从 Python 2.0 开始，Python 也从邮件列表的开发方式，转为完全开源的开发方式。Python 社区气氛已经形成，不断壮大，进而拥有了自己的新闻组（newsgroup）、网站以及基金。工作由整个社区分担，Python 获得了更加高速的发展。

2008 年发布了 Python 3.0 版本。Python 3.0 对语言做了全面的清理和整合，修正了原来语言里的许多缺陷。

Python 现在由 Python 软件基金会（Python software foundation，PSF）主导开发和管理。PSF 是一个非营利的国际组织。其网址为 www.python.org。

吉多仍然是 Python 的主要开发者，决定整个 Python 语言的发展方向。Python 社区经常称呼他是"仁慈的独裁者"，意思是他仍然关注 Python 的开发进程，并在必要的时候做出决定。

目前 Python 处于 2.0 和 3.0 共存的情况。Python 2.7 已经被确定为 Python 2.0 的最后版本，PSF 只会对其进行有限的修改完善。PSF 已经集中精力发展 Python 3.0。

Python 2.0 最终还是会被 Python 3.0 所代替。本书使用 Python 3.0 来讲解程序设计。

1.3.2   Python 语言的特点

1．Python 语言的优点

（1）语言简洁、紧凑，压缩了一切不必要的语言成分。简单易学。

（2）高效。Python 的底层是用 C 语言编写的，很多标准库和第三方库也都是用 C 语言编写的。

（3）免费、开源。Python 是自由/开放软件（free/libre and open source software，FLOSS）之一。使用者可以自由地发布这个软件的副本、阅读它的源代码、对它做改动、把它的一部分用于新的自由软件中。

（4）高层语言。编写 Python 程序时无须考虑诸如何管理程序使用的内存之类的底层细节。

（5）可移植性好。Python 是跨平台语言，可以运行在 Windows、Mac OS X 和各种 Linux 系统上。"一次编写，到处运行"。

（6）面向对象。Python 既支持面向过程的编程，也支持面向对象的编程。

（7）可扩展性。借助 Python 提供的接口，可以使用 C/C++语言对 Python 进行功能性扩展，既可以利用 Python 简洁灵活的语法，又可以获得与 C/C++几乎相同的执行性能。

（8）具有非常丰富的库，除了标准库以外，还有许多第三方高质量的库，而且几乎都是开源的。

（9）拥有一个积极健康且提供强力支持的社区。这就是为什么 Python 如此优秀的原因之一——它由一群希望看到一个更加优秀的 Python 的人创造并经常改进。

2．Python 语言的不足

（1）运行速度慢。因为 Python 是解释型语言，源代码在执行时会逐行翻译成 CPU 能理解的机器码，这个翻译过程非常耗时，所以很慢。

（2）源代码不能加密。如果要发布 Python 程序，实际上就是发布源代码。

（3）存在版本兼容问题。Python 的 2.0 版和 3.0 版是不兼容的。

3．有效地使用 Python 语言

（1）遵循 Python 语言的标准版本。

（2）采用切合实际的编程规范。编程规范就是程序设计风格。即使程序设计语言本身没有强制要求，程序员也必须遵循规范并坚持使用。良好的编程规范使程序设计风格一致，易于阅读和修改。

（3）充分利用库函数。不要重复发明轮子（don't reinvent the wheel）。程序员必须能够熟练使用 Python 本身提供的标准库函数以及第三方经过严格测试的库函数。合理地使用库函数可以减少程序错误，节省编程工作量。

（4）使用程序设计工具。为了提高程序设计的效率和程序的质量，程序员必须能够熟练使用相应的程序设计工具，充分利用调试功能来修正错误。

1.4　Python 程序开发

1.4.1　基本术语

源程序文件又称源代码文件，简称源文件，是指用 Python 语言编写的、有待翻译的程序，并将程序以文件的形式保存在计算机外存（如硬盘）中。Python 语言源程序文件的文件扩展名通常为.py。

目标程序文件又称目标代码文件，简称目标文件，是指源程序文件通过翻译加工以后生成的程序文件。Python 目标程序文件的文件扩展名通常为.pyc。Python 目标程序文件也称字节码（bytecode）文件。字节码文件在 Python 虚拟机（Python virtual machine，PVM）上运行。

虚拟机是一种抽象化的计算机，通过在实际的计算机上用软件仿真模拟各种计算机功能来实现。Python 虚拟机主要用于解释执行 Python 字节码文件。

编辑器又称编辑程序，是指用来编写或修改 Python 源文件的程序。

解释器又称解释程序，是一种让 Python 程序运行起来的程序。读取 Python 程序，并按照其中的命令执行，得出结果。

1.4.2　Python 程序的开发过程

运用 Python 语言进行程序开发通常要经过编辑、解释和运行调试等阶段。

在获得了解决问题的算法后，首先要使用编辑器编写 Python 语言程序并以源文件的形式保存，然后使用解释器将源文件转换为目标文件，并在虚拟机中运行。

编写的程序一般都会有错误。发现错误后，必须对源文件进行修改，然后重新解释运行。因此，在程序开发过程中，一般都要经历发现错误、修改源文件、解释运行程序、再发现错误、再修改源文件……这样一个反复的过程，这个过程称为程序的调试（debug）。

为了提高程序开发效率，通常会使用集成开发环境（integrated development environment，IDE）。在集成开发环境中，程序员可以方便、高效地完成编辑、解释运行和调试等程序开发过程中的所有工作。

Python 程序的开发过程如图 1.2 所示。

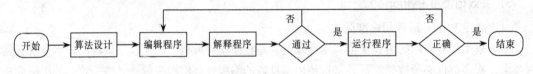

图 1.2　Python 程序的开发过程

1.4.3　搭建 Python 编程环境

工欲善其事，必先利其器。

学习和开发 Python 程序，首先需要把 Python 安装到计算机中。安装后，会得到：① Python 解释器（负责运行 Python 程序）；② 命令行交互环境；③ 简单的集成开发环境 IDLE。

本书以 Windows 操作系统为开发环境讲解 Python。

1. 安装 Python

下面以 Windows 操作系统为例，说明 Python 3.6.3 的安装过程。

（1）根据计算机上安装的 Windows 操作系统的版本（64 位还是 32 位），从 Python 的官方网站（https://www.python.org/downloads/windows）下载 Python 3.6.3 对应的 64 位安装程序（Windows x86-64 executable installer，python-3.6.3-amd64.exe）或 32 位安装程序（Windows x86 executable installer，python-3.6.3.exe），然后运行下载的安装包。

（2）如图 1.3 所示，确保选中 Add Python 3.6 to PATH 复选框，然后单击 Customize installation

开始安装。

图 1.3　确保选中 Add Python 3.6 to PATH 复选框

（3）如图 1.4 所示，单击 Next 按钮，继续下一步。

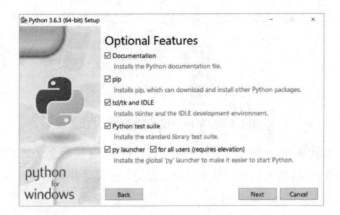

图 1.4　单击 Next 按钮

（4）如图 1.5 所示，确保选中 Install for all users 复选框，单击 Install 按钮即可完成安装。

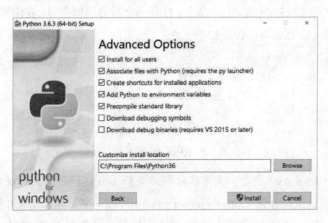

图 1.5　确保选中 Install for all users 复选框

2．Python 开发环境

安装完成后，选择"开始"→Python 3.6→Python 3.6 (64-bit)命令，启动 Python 命令行交互环境，出现图 1.6 所示的界面，说明 Python 安装成功了。

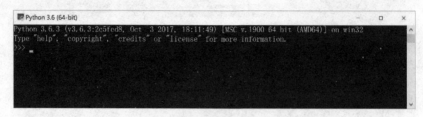

图 1.6　Python 命令行交互环境

图 1.6 所示为字符界面，使用不太方便。建议使用 Python 自带的简单的集成开发环境 IDLE。选择"开始"→Python 3.6→IDLE (Python 3.6 64-bit)命令，启动 IDLE，如图 1.7 所示。

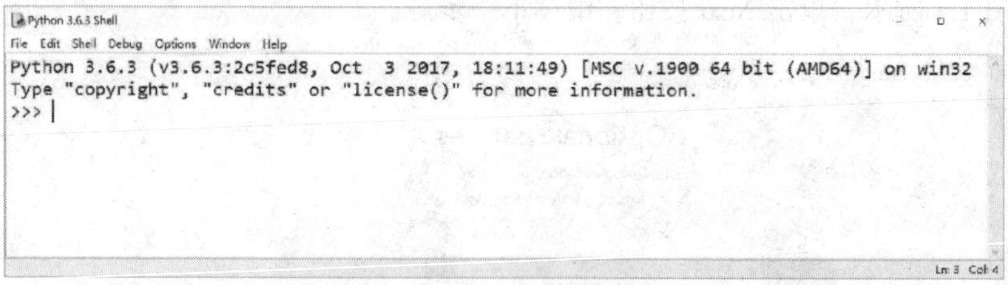

图 1.7　简单的集成开发环境 IDLE

可以在 Python 提示符>>>后输入任何 Python 代码，按 Enter 键后会立刻得到执行结果。

在 Python 提示符>>>后输入 Python 代码是很方便的，但代码并未保存。为了保存代码，需要创建一个 Python 源程序文件来存储代码。

3．Python 源程序

可以在 IDLE 中创建、保存、修改和运行 Python 源程序文件。

（1）在 IDLE 中，选择 File→New File 命令，打开一个新的编辑窗口。在编辑窗口中输入 Python 代码，如图 1.8 所示。注意窗口的标题栏。

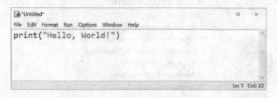

图 1.8　IDLE 的编辑窗口

（2）选择 File→Save As…命令，文件名自取，将 Python 代码存储到扩展名为.py 的文件中。注意窗口的标题栏。这里保存在 C:\MyProjects\Python\Hello.py 中，如图 1.9 所示。

（3）选择 Run→Run Module 命令，运行 Python 代码，结果显示在 IDLE 命令行窗口中，如图 1.10 所示。

图 1.9 保存源文件

```
Python 3.6.3 Shell                                                    —    □    ×
File Edit Shell Debug Options Window Help
Python 3.6.3 (v3.6.3:2c5fed8, Oct  3 2017, 18:11:49) [MSC v.1900 64 bit (AMD64)] on win32
Type "copyright", "credits" or "license()" for more information.
>>>
======================= RESTART: C:/MyProjects/Python/Hello.py =======================
Hello, World!
>>>
```

图 1.10 程序运行结果

4．Python 包

pip 是一个安装和管理 Python 包（模块）的工具。Python 3.4 及后续版本已经默认安装了 pip，所以推荐使用较新版本的 Python，就不需要另外单独再安装 pip 了。

PyPI（Python package index）是 Python 官方的第三方包的仓库，所有人都可以下载第三方包或上传自己开发的包到 PyPI。PyPI 推荐使用 pip 包管理器下载第三方包。

使用 pip 下载安装 Python 的第三方包很简单，它不仅把需要的包下载下来，而且会同时下载该包的相关依赖包。

打开命令提示符窗口（可能需要以管理员身份运行），输入 "pip install 包名" 来安装第三方包。

1.5 初识 Python 程序

1.5.1 第一个 Python 程序

【例 1.1】编写程序，在屏幕上输出 Welcome to Python 和 Programming is fun。

```
1   # 例1_1.py
2   '''
3   第一个 Python 程序
4   在屏幕上显示 Welcome to Python 和 Programming is fun
5   '''
6   print("Welcome to Python")
7   print("Programming is fun")
```

【运行结果】

```
Welcome to Python
Programming is fun
```

输入程序时，不要输入行号。行号不是程序的内容，只是为了方便解释程序。

Python 支持两种形式的注释。

（1）行注释：以#标记注释的开始，到本行末尾结束，只能占据一行。

（2）段注释：以三个单引号'''标记注释的开始，三个单引号'''标记注释的结束，可以占据一行，也可以跨越多行。

注释可以出现在程序的任何位置。

注释有助于理解程序。注释是写给人看的，而不是写给计算机的。解释器会忽略所有的注释。

第1行是行注释，第2～5行是段注释。

程序由语句组成。语句是程序运行时执行的命令。

不要在语句末尾放置任何标点符号。

print 函数是 Python 提供的内置函数，称为标准库函数。圆括号中是函数参数。

第6、7行是函数调用语句。调用 print 函数，将圆括号中的参数（用一对双引号或一对单引号包围的一系列字符，称为字符串）在屏幕上原样输出。print 函数在输出字符串后自动换行。

Python 程序是区分大小写的，如果将函数名 print 改为 Print 或 PRINT 等，就会出现错误。

print 函数默认情况下是输出换行的，如果想要不换行，需在末尾添加 end=''或 end=""。例如：

```
print("Welcome to Python, ", end='')
print("Programming is fun")
```

输出：

```
Welcome to Python, Programming is fun
```

缩进是 Python 的灵魂，严格的缩进要求使得 Python 程序显得精简、易读、有层次。但是，在 Python 中语句的缩进要非常小心，如果没有正确地使用缩进，程序所做的事情可能与期望相差甚远。

例如：

```
print("Welcome to Python")
    print("Programming is fun")    # 错误，不必要的缩进
```

这里□表示空格，后面不再赘述。为了避免缩进错误，只缩进必须要缩进的语句。

1.5.2   两个整数的加、减、乘、除、整除程序

【例 1.2】编写程序，在屏幕上显示两个整数加、减、乘、除、整除的结果。

```
1    print("100 + 200 =", 100 + 200)
2    print("100 - 200 =", 100 - 200)
3    print("100 * 200 =", 100 * 200)
4    print("100 / 200 =", 100 / 200)
5    print("100 // 200 =", 100 // 200)
```

【运行结果】

```
100 + 200 = 300
100 - 200 = -100
100 * 200 = 20000
100 / 200 = 0.5
100 // 200 = 0
```

算术运算符：+是加法运算符，–是减法运算符，*是乘法运算符，/是除法运算符，//是整除运算符。

100 + 200、100 – 200、100 * 200、100 / 200、100 // 200 是算术表达式。

被除数和除数均为整数时，整除运算的结果为整数。例如，1 // 2 的结果为 0，而不是 0.5。

print 函数可以输出多个数据，数据之间用逗号"，"隔开。依次输出每个数据，遇到逗号会输出一个空格。

第 1 行 print 函数的第一个参数"100 + 200 ="是字符串，原样输出；然后遇到逗号输出一个空格；第二个参数 100 + 200 是算术表达式，先计算出结果，然后输出结果 300。第 2～5 行与第 1 行类同，不再赘述。

1.5.3　算术表达式求值程序

【例 1.3】编写程序，求如下算术表达式的值。结果保留 2 位小数。

$$\frac{9.5 \times 4.5 - 2.5 \times 3}{45.5 - 3.5}$$

```
1   print(format((9.5 * 4.5 - 2.5 * 3) / (45.5 - 3.5), ".2f"))
```

【运行结果】

```
0.84
```

format 函数是 Python 提供的内置函数，用于格式化数据。

format(item, format-specifier)，item 是要格式化输出的内容，format-specifier 是格式说明符，返回格式化后的字符串。这里格式说明符.2f 表示输出的浮点数（实数）保留 2 位小数。

第 1 行首先计算算术表达式的值，然后对值进行格式化，最后输出格式化后的结果。

也可以使用格式化操作符%对数据进行格式化。

例如：

```
print("%.2f" % ((9.5 * 4.5 - 2.5 * 3) / (45.5 - 3.5)))
```

%前面的%.2f 是格式说明符，表示输出的浮点数（实数）保留 2 位小数；%后面是要格式化输出的数据，必须括在圆括号中。

1.5.4　华氏温度转换为摄氏温度的程序

【例 1.4】编写一个将华氏温度转换为摄氏温度的程序。转换公式为

$$c = \frac{5}{9}(f - 32)$$

式中，c 表示摄氏温度，f 表示华氏温度。结果保留 2 位小数。

```
1   fahrenheit = eval(input("输入华氏温度: "))
2   celsius = (5 / 9) * (fahrenheit - 32)
3   print("对应的摄氏温度: %.2f" % (celsius))
```

【运行示例】（✓表示回车，后面不再赘述）

输入华氏温度：212✓

对应的摄氏温度：100.00

在程序执行过程中需要有一种临时存储数据的机制，用于存储程序处理的数据，如输入的华氏温度以及计算得到的摄氏温度。程序处理的数据存储在计算机内存存储单元中，每个存储单元都有一个独一无二的地址，处理数据时需要知道存放该数据的内存存储单元的地址。在 Python 语言中，用变量来表示这类存储单元，这类存储单元中存放的数据称为变量值。

给变量取名很重要，尽量做到"见名知义"，容易分辨出变量的作用。

用户输入的华氏温度存放在变量 fahrenheit 中，摄氏温度存放在变量 celsius 中。

使用一个变量前必须对它赋值。=是赋值运算符。赋值运算符的作用是计算其右边表达式的值并将值保存到左边的变量中。

为了将用户输入的华氏温度存放在变量 fahrenheit 中，使用 input 函数从键盘上输入数据。input 函数是 Python 提供的内置函数。input 函数有一个可选参数（字符串），即向用户显示的提示或说明。注意：input 函数将用户输入解读为字符串。eval 函数是 Python 提供的内置函数。为了得到华氏温度，需要使用 eval 函数将字符串转换为数值。

第 1 行提示用户输入华氏温度，通过调用 input 函数将输入的华氏温度保存到变量 fahrenheit 中。

第 2 行根据输入的华氏温度计算对应的摄氏温度。改变华氏温度 fahrenheit 的值，摄氏温度 celsius 的值也发生变化。

第 3 行通过调用 print 函数输出摄氏温度。

思考与练习

1. 编辑、解释和运行调试 Python 程序需要什么条件？
2. Python 语言源文件的扩展名是什么？
3. 什么是注释？Python 语言注释的语法是怎样的？解释器会忽略掉注释吗？
4. Python 语言是区分大小写的吗？
5. Python 3.4 及后续版本中，默认的安装和管理 Python 包（库）的工具是什么？
6. 找出并修正下面程序中的错误。
   ```
   Print('Hello, World!')
   print("Welcome to Python!");
   ```
7. 写出下面程序的输出结果。
   ```
   print((15 / 5) * 2)
   ```
8. 写出下面程序的输出结果。
   ```
   print(5 // 4)
   ```
9. 写出下面程序的输出结果。
   ```
   print(format(57.467657, ".2f"))
   ```
10. 写出下面程序的输出结果。
   ```
   print("%.2f" % (57.467657))
   ```
11. 写出下面程序的输出结果。
   ```
   print("hello", 5)
   ```

编 程 题

1. 使用 IDLE 编辑、解释和运行如下的 Python 程序，观察输出结果。

【程序代码】
```
print("Hello World!")
```

2. 使用 IDLE 编辑、解释和运行如下的 Python 程序，观察输出结果。

【程序代码】

```
print("* * * *")
print("* * *")
print("* *")
print("*")
```

3. 编写程序，从键盘输入两个整数，计算并输出这两个整数的和、差、积、商。

【运行示例】

```
输入整数1：5↙
输入整数2：3↙
5 + 3 = 8
5 - 3 = 2
5 * 3 = 15
5 / 3 = 1.6666666666666667
```

4. 编写程序，从键盘输入一个摄氏温度，将其转换为华氏温度并输出。转换公式为

$$f = \frac{9}{5}c + 32$$

式中，c 表示摄氏温度，f 表示华氏温度。结果保留 2 位小数。

【运行示例】

```
输入摄氏温度：100↙
对应的华氏温度：212.00
```

5. 编写程序，从键盘输入一个矩形的宽度（width）和高度（height），计算矩形的面积。结果保留 2 位小数。

【运行示例】

```
输入矩形的宽度：2.5↙
输入矩形的高度：3.5↙
矩形的面积：8.75
```

第 2 章 | 基本程序设计

本章介绍 Python 语言基础，包括标识符、变量、运算符与表达式、函数与方法、语句以及输入/输出等。即使是编写最简单的 Python 程序，也会涉及这些基本知识。

2.1　计算三角形面积的程序

【例 2.1】编写程序，从键盘输入三角形的三条边，计算并输出三角形面积。结果保留 2 位小数。

本问题的算法用自然语言描述如下：

（1）读入三角形的三条边 a、b、c。

（2）利用海伦公式计算面积：$\text{area} = \sqrt{p(p-a)(p-b)(p-c)}$，其中 $p = \dfrac{1}{2}(a+b+c)$。

（3）显示面积。

因此，需要解决如下两个重要的问题：① 如何读入并存储三条边；② 计算并存储面积。

变量用于存储程序中的数据。应选择"见名知义"的名字作为变量名，这里用 a、b、c 表示三角形的三条边，用 area 表示面积。

使用 input 函数从键盘上输入数据。input 函数有一个可选参数（字符串），即要向用户显示的提示或说明：

```
input() 或者 input("提示信息")
```

注意：input 函数将输入解读为字符串。为了得到三条边，需要使用 eval 函数将字符串转换为数值：

```
eval("34.5")     # 返回数值 34.5
eval("345")      # 返回数值 345
eval("3+4")      # 返回数值 7
```

从键盘上获取三条边：

```
a, b, c = eval(input("请输入以逗号分隔的三角形的三条边："))
```

计算面积：

```
p = 0.5 * (a + b + c)
```

```
area = (p * (p - a) * (p - b) * (p - c)) ** 0.5
```
"**" 是幂运算符。

完整的程序如下：
```
1   a, b, c = eval(input("请输入以逗号分隔的三角形的三条边："))
2   p = 0.5 * (a + b + c)
3   area = (p * (p - a) * (p - b) * (p - c)) ** 0.5
4   print("三角形面积是%.2f" % (area))
```

【运行示例】

请输入以逗号分隔的三角形的三条边：3,4,5↙

三角形面积是 6.00

2.2　标识符及其命名规则

2.2.1　标识符

现实世界中每个实体都有一个名字，程序中使用的元素（如变量、常量）也需命名。利用标识符来命名程序中使用的元素。

标识符命名规则如下：

（1）标识符是由字母、数字和下画线组成的序列。

（2）标识符必须以字母或下画线开头，不能以数字开头。

（3）不能使用 Python 语言关键字（见表 2.1）作为标识符。

（4）标识符不能是 Python 语言预定义的名字，如 print。

（5）Python 语言是区分大小写的，如 area 和 Area 表示不同的标识符。

（6）Python 语言标准对标识符的最大长度没有限制，但过短或过长的标识符都是不合适的。

以下标识符是合法的：

```
my_age  _100_bottles  s2i  radius
```
以下标识符是不合法的：

```
100_bottles      # 不能以数字开头
my money         # 不能出现空格
my-son           # 不能出现减号
if               # 不能使用关键字
print            # 不能使用预定义的名字
```
程序中使用的标识符对计算机而言是无意义的。例如，把 π（3.14159）命名为 PI、pi 或 p，对计算结果不会产生影响。然而，采用"见名知义"的标识符，可以增强程序的可读性，有助于理解程序。因此，使用有意义、可读性强的标识符是非常重要的。

2.2.2　关键字

关键字又称保留字。表 2.1 中的 Python 语言关键字具有特定的含义和作用，不能使用这些关键字作为标识符。

表 2.1 关　键　字

False	class	finally	is	return
None	continue	for	lambda	try
True	def	from	nonlocal	while
and	del	global	not	with
as	elif	if	or	yield
assert	else	import	pass	
break	except	in	raise	

2.3 变量和常量

2.3.1 变量

在程序中，变量用于存储特定类型的数据。变量值在程序运行过程中是可以改变的。

变量名是标识符，必须符合标识符命名规则。变量名通常采用全部小写的单词，如果由多个单词构成，单词之间用下画线连接。但首尾不要使用下画线。

变量在使用前必须被赋值。可以使用赋值运算符 "=" 为变量赋值。

```
radius = 1.0
area = 3.14159 * radius * radius
```

一个变量可以在赋值运算符两边同时使用。

```
x = 1
x = x + 1
```

x = x + 1 在数学上没有任何意义，在 Python 语言中表示把变量 x 的值加 1，然后再重新保存到变量 x 中。如果此赋值语句执行之前 x 的值为 1，执行之后 x 的值变为 2。

赋值运算符的左边必须是变量。

```
1 = x    # 错误
```

级联赋值把一个值赋给多个变量。

```
x = y = z = 1
```

Python 支持平行赋值。

```
变量1, 变量2, …, 变量n = 表达式1, 表达式2, …, 表达式n
```

计算右边表达式的值并同时赋值给左边相对应的变量。

```
x, y, z = 1, 2, 3
```

使用平行赋值可以实现两个变量的值的交换。

```
x = 1
y = 2
x, y = y, x    # 交换x和y的值，x的值为2，y的值为1
```

使用平行赋值还可以简便地输入多个数据。

【例 2.2】编写程序，从键盘输入 3 个整数，计算并输出它们的平均值。结果保留 2 位小数。

```
1  number1, number2, number3 = eval(input("请输入以逗号分隔的三个整数："))
2  average = (number1 + number2 + number3) / 3
3  print("平均值是%.2f" % (average))
```

【运行示例】

请输入以逗号分隔的三个整数：1,2,3✓
平均值是 2.00

2.3.2　常量

常量分为字面常量和命名常量。常量值在程序运行过程中不能被修改。

字面常量也称字面值，是指在程序中可以直接使用的常量值。例如，88 表示整型字面常量，1.76 表示浮点型字面常量。

在程序中，可以对使用比较频繁的字面常量加以命名。例如：

```
PI = 3.14159
```

常量名是标识符，必须符合标识符命名规则。常量名通常采用全部大写的单词，如果由多个单词构成，单词之间用下画线连接，但首尾不要使用下画线。

Python 其实不支持命名常量，只是约定在程序运行过程中不会改变的变量为命名常量。上面的命名常量 PI 实质上是变量。

2.4　数值数据类型和运算符

Python 有两种数值数据类型：整数和浮点数（实数）。

例如，整数：34；浮点数：34.0。

浮点数 123.456 可以使用科学记数法表示为 1.23456e2 或 1.23456e+2（e 或 E 代表指数且可以大写也可以小写）。对于很大或很小的浮点数，通常用科学记数法来表示。

type 函数是 Python 提供的内置函数，可以用来查询数据类型。

```
>>> type(34)
<class 'int'>
>>> type(34.0)
<class 'float'>
>>> type(1.23456e+2)
<class 'float'>
>>> x = 1
>>> y = 2
>>> type(x + y)
<class 'int'>
```

<class 'int'>表示整数类型，<class 'float'>表示浮点数类型。

Python 是动态类型语言。动态类型是当前实际指向的类型，是在运行时确定的。

```
>>> x = 123        # x是整数类型
>>> type(x)
<class 'int'>
>>> x = 123.45    # x是浮点数类型
>>> type(x)
<class 'float'>
```

数值类型支持算术运算符：+（加）、-（减）、*（乘）、/（除）、//（整除）、%（模或求余数）、

**（幂）运算。

```
>>> 5 / 2
2.5
>>> 2 / 4
0.5
>>> 5 // 2
2
>>> 2 // 4
0
>>> 5.0 // 2
2.0
>>> 2 // 4.0
0.0
>>> 3 % 7
3
>>> 3.5 % 2
1.5
>>> 3 ** 2
9
>>> 2.3 ** 3.5
18.45216910555504
>>> (-2.5) ** 2
6.25
```

算术运算符+、-、*、/、//、%、**与赋值运算符=组合在一起构成复合赋值运算符：+=、-=、*=、/=、//=、%=、**=。

x = x + 1 可以写为 x += 1。

注意：x *= y + z 等价于 x = x * (y + z)，而不是 x = x * y + z。

前面所学过的运算符优先级（从高到低）和结合性如下：

（1）执行圆括号内的运算。

（2）幂运算。

（3）乘法、浮点数除法、整数除法和模（求余）运算，同一优先级从左向右运算。

（4）加法、减法运算，同一优先级从左向右运算。

（5）赋值运算和复合赋值运算，同一优先级从右向左运算。

例如，3 + 4 * 4 + 5 * (4 + 3) - 1，计算结果是 53。

如果算术运算符的操作数之一是浮点数，则自动将整数转换为浮点数，结果就是浮点数。例如，3 * 4.5 和 3.0 * 4.5 的结果是相同的。

int 函数是 Python 提供的内置函数，可以使用 int 函数来返回一个浮点数的整数部分（没有四舍五入）。

```
>>> value = 5.6
>>> int(value)
5
```

round 函数是 Python 提供的内置函数，可以使用 round 函数来返回一个浮点数的整数部分（进行四舍五入）。

```
>>> value = 5.6
>>> round(value)
6
>>> round(5.5)
6
>>> round(6.5)    # 四舍五入为最近的偶数，结果不是 7
6
```

int 函数也可以将字符串转换为整数。

```
>>> int("34")
34
>>> int("003")
3
>>> int("3.4")    # 错误
ValueError: invalid literal for int() with base 10: '3.4'
>>> int("3 + 4")    # 错误
ValueError: invalid literal for int() with base 10: '3 + 4'
```

float 函数将字符串转换为浮点数，也可以将整数转换为浮点数。

```
>>> float("34")
34.0
>>> float("003")
3.0
>>> float("3 + 4")    # 错误
ValueError: could not convert string to float: '3 + 4'
>>> float(-4)
-4.0
>>> float(3 + 4)
7.0
```

eval 函数可以将字符串转换为整数或浮点数。

```
>>> eval("34")
34
>>> eval("3.4")
3.4
>>> eval("3 + 4")
7
>>> eval("003")
SyntaxError: invalid token
```

int 函数和 float 函数比 eval 函数执行速度要快。

可以利用 format 函数格式化整数和浮点数。

格式说明符 d、x、o 和 b 分别用来格式化十进制整数、十六进制整数、八进制整数和二进制整数。

默认情况下数字是右对齐的，使用格式说明符 < 指定左对齐。

例如：

```
print(format(12345, "10d"))
```

```
print(format(12345, "<10d"))
print(format(98765, "10x"))
print(format(98765, "<10x"))
```
输出：

□□□□□12345

12345□□□□□

□□□□□181cd

181cd□□□□□

格式说明符 10d 将一个整数格式化为宽度为 10 的十进制数。格式说明符 10x 将一个整数格式化为宽度为 10 的十六进制数。不足部分用空格填充。

格式说明符 f 用来格式化浮点数。

例如：

```
print(format(78.458666, "10.2f"))
print(format(12345678.911, "10.2f"))
print(format(78.4, "10.2f"))
print(format(78, "10.2f"))
print(format(78.458666, ".2f"))
print(format(78.458666, "<10.2f"))
```
输出：

□□□□□78.46

12345678.91

□□□□□78.40

□□□□□78.00

78.46

78.46□□□□□

格式说明符 10.2f 将格式化宽度为 10（含小数点及小数点后两位小数）的浮点数。浮点数被四舍五入到两个小数位，小数点前分配了 7 个数字；若小数点前的数字小于 7 个，则在数字前插入空格；若小数点前的数字个数大于 7，则宽度会自动增加。格式说明符.2f 省略了宽度，这样会根据格式化这个数所需的宽度自动设置。

格式说明符 e 用科学记数法格式化浮点数。

例如：

```
print(format(78.458666, "10.2e"))
print(format(0.0033911, "10.2e"))
print(format(78.4, "10.2e"))
print(format(78, "10.2e"))
print(format(78.458666, ".2e"))
```
输出：

□□7.85e+01

□□3.39e-03

□□7.84e+01

□□7.80e+01

7.85e+01

符号 e、+和-被算在宽度中。

格式说明符%用来格式化百分数。

例如：

```
print(format(0.78458, "10.2%"))
print(format(0.0033911, "10.2%"))
print(format(8.4, "10.2%"))
print(format(78, "10.2%"))
```

输出：

```
□□□78.46%
□□□□0.34%
□□840.00%
□□7800.00%
```

格式说明符 10.2%将数乘以 100 后加上%，%也算在宽度中。

注意：Python 理论上可以表示任意大小的整数，而浮点数的表示范围则受限。

```
>>> 245 ** 245
2216617049226163501091812734610967369318139291419329489818829170853937038622859233054692678284588098190520030281453234629499688477369545653461459877761302392980984270502711453631817880777661585995198457245954895813640908147424940449712101324155339380627858662917468743831920778165822443525846197682312682835523021528909084423435229518408850672403100217583170208962912060510656041300048375112137551410863858012756987867043477438045598755346282746249777291295626555471641068518318206570347837786852595645146953478202470872750640487850401892976689045139382372440195467788726091384887695 3125
>>> 245.0 ** 245    # 溢出
OverflowError: (34, 'Result too large')
```

2.5　字符串和字符简介

文本的最基本元素是字符。

字符串是由若干字符构成的序列。在 Python 语言中，字符串常量用括在单引号或双引号内的字符序列来表示，例如，'a'、"China"、"I am a student."。单引号或双引号不是字符串的一部分，只是起分隔作用。因此，字符串"abc"只有 a、b、c 这 3 个字符。

为了和其他程序设计语言一致，建议用单引号来括住单个字符的字符串或空字符串，使用双引号来括住多个字符构成的字符串。

```
>>> s = "Hello, World!"
>>> type(s)
<class 'str'>
>>> s = 'a'
>>> type(s)
<class 'str'>
```

<class 'str'>表示字符串类型。

字符在计算机内部存储的是该字符的二进制编码值。在不同的字符编码方案中，同一字符的编码值是不同的。最常用的字符编码方案是 ASCII 字符集。在 ASCII 字符集中，每个字符都有唯

一的 ASCII 码。

数字字符'0'～'9'的 ASCII 码按从小到大的顺序连续排列，编码为十进制数 48～57。

要注意区分数字和数字字符，例如，0 是数字，是整数，而'0'是字符。

大写英文字母'A'～'Z'的 ASCII 码按从小到大的顺序连续排列，编码为十进制数 65～90。

小写英文字母'a'～'z'的 ASCII 码按从小到大的顺序连续排列，编码为十进制数 97～122。

ord 函数和 chr 函数都是 Python 提供的内置函数。ord(ch)函数返回字符 ch 的 ASCII 码，chr(code)
函数返回 ASCII 码 code 所代表的字符。

```
>>> ch = 'a'
>>> ord(ch)
97
>>> ord('A')
65
>>> ord('0')
48
>>> code = 98
>>> chr(code)
'b'
>>> chr(66)
'B'
>>> chr(49)
'1'
```

任何小写字母的 ASCII 码与它对应的大写字母的 ASCII 码的差值都一样，为 32。利用这一特
性，可以进行字母的大小写转换。

```
>>> ord('a') - ord('A')
32
>>> ord('z') - ord('Z')
32
>>> offset = ord('a') - ord('A')
>>> lowercase_letter = 'g'
>>> uppercase_letter = chr(ord(lowercase_letter) - offset)
>>> uppercase_letter
'G'
```

str 函数也是 Python 提供的内置函数，可以将数值转换为字符串。

```
>>> s = str(123)
>>> s
'123'
>>> s = str(123.456)
>>> s
'123.456'
```

len 函数返回一个字符串中的元素个数。

max 函数和 min 函数分别返回一个字符串中的最大字符和最小字符。

```
>>> s = "Python"
```

```
>>> len(s)
6
>>> max(s)
'y'
>>> min(s)
'P'
```

还可以使用"+"运算符来连接两个字符串。"+="运算符也能用来连接字符串。

```
>>> chapter_no = 8
>>> s = "Chapter " + str(chapter_no)
>>> s
'Chapter 8'
>>> message = "Welcome to Python"
>>> message += " and Programming is fun"
>>> message
'Welcome to Python and Programming is fun'
```

有些字符是不可显示的控制字符，也无法从键盘输入，需要用转义字符来表示，转义意味着转变其他字符的意义用来表示这些特殊字符。转义字符由单引号或双引号括起来，由反斜杠后跟字符或数字组成，它把反斜杠后面的字符或数字转换成别的意义。虽然转义字符形式上由多个字符或数字组成，但它是常量，只代表一个字符。表 2.2 列举了 Python 语言的转义字符。

表 2.2 转 义 字 符

转 义 字 符	意　　义	转 义 字 符	意　　义
\a	响铃（警报）符	\v	垂直制表符
\b	退格符	\\	反斜杠
\f	换页符	\'	单引号
\n	换行符	\"	双引号
\r	回车符	\ddd	八进制数 ddd 所代表的字符
\t	水平制表符	\xhh	十六进制数 hh 所代表的字符

使用转义字符\\、\'和\"可以显示反斜杠、单引号和双引号。

```
>>> print("\"\\\'")
"\'
```

使用\ddd 或\xhh 可以表示 ASCII 字符集中的任何一个字符。例如，大写字母 A 可以表示为'A'、'\101'（大写字母 A 的八进制 ASCII 码是 101）和'\x41'（大写字母 A 的十六进制 ASCII 码是 41）。

```
>>> print('A', '\101', '\x41')
A A A
```

如果'本身也是一个字符，那就可以用""括起来，比如"I'm OK"包含的字符是 I、'、m、空格、O、K 这 6 个字符。

```
>>> print("I'm OK")
I'm OK
```

如果字符串内部既包含'又包含"怎么办？可以用转义字符来标识。'I\'m \"OK\"!'表示的字符串内容是：I'm "OK"!。

```
>>> print('I\'m \"OK\"!')
I'm "OK"!
```

Python 中的原生字符串以 r 开头，其中包含的任何字符都不进行转义。使用原生字符串可以避免字符串中转义字符带来的问题。

```
>>> s = "123\tabc"
>>> print(s)
123     abc
>>> s = r"123\tabc"    # 原生字符串
>>> print(s)
123\tabc
```

原生字符串中的\t保持不变，没有转义为制表符。

使用 input 函数读取字符串，input 函数返回从键盘上输入的字符串。

print 函数会自动换行，若不想在使用 print 函数后换行，可以给 print 函数传递一个特殊的 end="结束字符串"的参数。例如：

```
print("AAA", end = ' ')
print("BBB", end = '')
print("CCC", end = "***")
print("DDD", end = "!!!")
```

输出：

```
AAA BBBCCC***DDD!!!
```

print 函数默认以空格作为分隔符。可以给 print 函数传递一个 sep="分隔字符串"的参数，自定义分隔符。例如：

```
print("Hello", "World!")
print("Hello", "World!", sep = "**")
print("Hello", "World!", sep = '')
```

输出：

```
Hello World!
Hello**World!
HelloWorld!
```

格式说明符 s 用来格式化字符串。

默认情况下字符串是左对齐的，使用格式说明符>指定右对齐，使用格式说明符^居中对齐。

格式说明符 20s 格式化宽度为 20 以内的字符串。若字符串比指定的宽度长，则宽度自动扩展到字符串的宽度。例如：

```
print(format("Welcome to Python!", "20s"))
print(format("Welcome to Python!", ">20s"))
print(format("Welcome to Python!", "^20s"))
print(format("Welcome to Python and Java!", ">20s"))
```

输出：

```
Welcome to Python!□□
□□Welcome to Python!
□Welcome to Python!□
Welcome to Python and Java!
```

2.6　列表、元组和字典简介

列表、元组和字典就像容器一样，可以收纳多个数据。

列表和元组是序列类型。序列是有顺序的数据集合。序列包含的数据称为序列的元素。序列可以包含一个或多个元素，既可以包含同类型的元素，也可以包含不同类型的元素，还可以是没有任何元素的空序列。

字典是一系列键/值对的集合，每个键都与一个值相关联，可以使用键来访问与之相关联的值。

2.6.1　初识列表

列表中的元素用逗号分隔并且由一对中括号[]括住。

```
>>> list1 = []      # 空列表
>>> list2 = [1, 2, 3]
>>> list3 = ["red", "green", "blue"]
>>> list4 = [1, "two", 3.0]
```

通过下标访问列表元素。

```
>>> list1 = [5.6, 4.5, 3.3, 13.2, 4.0, 34.33, 34.0, 45.45, 99.993, 11123]
>>> type(list1)
<class 'list'>
>>> list1[0]
5.6
>>> list1[9]
11123
>>> list1[10]
IndexError: list index out of range
```

<class 'list'>表示列表类型。

列表中的元素通过"列表名[下标]"来访问。列表下标从 0 开始。例如，list1[0]是列表 list1 的第一个元素，而 list1[9]是列表 list1 的最后一个元素。

下标越界访问列表是常见的程序设计错误，list1[10]导致 IndexError 异常。

可以通过下标修改列表中的元素值。

```
>>> list1[0] = 6.5
>>> list1
[6.5, 4.5, 3.3, 13.2, 4.0, 34.33, 34.0, 45.45, 99.993, 11123]
```

使用内置函数可以获取列表的长度、列表中元素的最大值和最小值以及列表中元素的和。

（1）len 函数返回列表的元素个数。

（2）max 函数和 min 函数分别返回列表（元素必须是相同类型）中的最大值元素和最小值元素。

（3）sum 函数返回列表（元素必须为数值）中所有元素的和。

例如：

```
list1 = [2, 3, 4, 1, 32]
print(len(list1))
print(max(list1))
```

```
print(min(list1))
print(sum(list1))
```

输出：

```
5
32
1
42
```

字符串中有 split 方法，将字符串（默认以空格分隔）分解成其子串组成的列表。例如：

```
items = "Jane John Peter Susan".split()
print(items)
items = "2018/6/18".split('/')
print(items)
items = "1 2 3".split()
print(items)
```

输出：

```
['Jane', 'John', 'Peter', 'Susan']
['2018', '6', '18']
['1', '2', '3']
```

使用 split 方法还可以简便地输入多个数据。

【例 2.3】编写程序，在一行上输入 3 个整数，其间以空格间隔。计算并输出它们的平均值。结果保留 2 位小数。

```
1   line = input("请输入以空格分隔的三个整数：").split()
2   number1 = eval(line[0])
3   number2 = eval(line[1])
4   number3 = eval(line[2])
5   average = (number1 + number2 + number3) / 3
6   print("平均值是%.2f" % (average))
```

【运行示例】

请输入以空格分隔的三个整数：1 2 3↙
平均值是 2.00

第 1 行输入 3 个整数，将以空格分隔的 3 个整数构成的字符串分解为字符串列表。
第 2~4 行将字符串列表中的元素转换为数值。

2.6.2　初识元组

元组中的元素用逗号分隔并且由一对圆括号()括住。

```
>>> tuple1 = ()      # 空元组
>>> tuple2 = (1, 2, 3)
>>> tuple3 = ("red", "green", "blue")
>>> tuple4 = (1, "two", 3.0)
```

但在创建只有一个元素的元组时，要在元素后面加上一个逗号，否则创建的是整数对象，不是元组。

```
>>> tuple5 = (1,)
>>> type(tuple5)
```

```
<class 'tuple'>
>>> tuple6 = (1)
>>> type(tuple6)
<class 'int'>
```

<class 'tuple'>表示元组类型。

元组和列表的主要区别：一个元组被创建后，就无法直接修改元组中的元素值，而列表中的元素是可以修改的。因此，元组看起来像一种特殊的列表，有固定的元素值。

通过下标访问元组元素。

```
>>> tuple1 = (5.6, 4.5, 3.3, 13.2, 4.0, 34.33, 34.0, 45.45, 99.993, 11123)
>>> tuple1[0]
5.6
>>> tuple1[9]
11123
>>> tuple1[10]
IndexError: tuple index out of range
```

元组中的元素通过 "元组名[下标]" 来访问。元组下标从 0 开始。例如，tuple1[0]是元组 tuple1 的第一个元素，而 tuple1[9]是元组 tuple1 的最后一个元素。

下标越界访问元组是常见的程序设计错误，tuple1[10]导致 IndexError 异常。

修改元组中的元素值会导致 TypeError 异常。

```
>>> tuple1[0] = 6.5
TypeError: 'tuple' object does not support item assignment
```

使用内置函数可以获取元组的长度、元组中元素的最大值和最小值以及元组中元素的和。

（1）len 函数返回元组的元素个数。

（2）max 函数和 min 函数分别返回元组（元素必须是相同类型）中的最大值元素和最小值元素。

（3）sum 函数返回元组（元素必须为数值）中所有元素的和。

例如：

```
tuple1 = ("red", "green", "blue")
print(len(tuple1))
print(max(tuple1))
print(min(tuple1))
tuple2 = (7, 1, 2, 23, 4, 5)
print(sum(tuple2))
```

输出：

```
3
red
blue
42
```

2.6.3　初识字典

字典中的一系列键/值对用逗号分隔并且由一对花括号{}括住。

```
>>> dict1 = {}    # 空字典
```

```
>>> dict2 = {"one":1, "two":2, "three":3}
>>> type(dict1)
<class 'dict'>
```

<class 'dict'>表示字典类型。键/值对使用冒号分隔。

使用内置函数 len 可以获取字典的长度。

字典名.get(key)，返回键 key 对应的值，若键不存在，则返回 None。

字典名[键]，访问键对应的值，若键不存在，会导致 KeyError 异常。

字典名[键]=值，修改键对应的值，若键不存在，则将键/值对添加到字典中。

例如：

```
dict1 = {"one":1, "two":2, "three":3}
dict1["four"] = 4
print(dict1)
dict1["one"] = '1'
print(dict1)
print(dict1.get("one"))
print(dict1.get("four"))
print(dict1["one"])
print(dict1["five"])
```

输出：

```
{'one': 1, 'two': 2, 'three': 3, 'four': 4}
{'one': '1', 'two': 2, 'three': 3, 'four': 4}
1
4
1
KeyError: 'five'
```

2.7　内置函数和数学函数

2.7.1　内置函数

内置函数（built-in functions）是指程序设计语言预先定义好的函数，可以根据需要在程序中直接调用。

前面使用过的 print、input、type、eval、int、float、ord、chr、str、len、max、min 及 sum 等函数都是内置函数。

Python 还提供了如下常用内置函数。

（1）abs(x)：返回 x 的绝对值。

```
>>> abs(-8)
8
>>> abs(8)
8
>>> x = 1
>>> y = -9
>>> abs(x + y)
```

```
8
```

（2）round(x, n)：返回保留小数点后 n 位的浮点数。

```
>>> round(8.466, 2)
8.47
>>> round(7.5, 0)
8.0
>>> round(8.5, 0)
8.0
```

（3）pow(a, b)：返回 a^b 的值，相当于 a ** b。

```
>>> pow(3, 2)
9
>>> pow(2.3, 3.5)
18.45216910555504
>>> pow(-2.5, 2)
6.25
```

（4）divmod(a,b)：返回一个元组，元组的第一个元素是 a 除以 b 的商、第二个元素是 a 除以 b 的余数。

```
>>> divmod(5, 2)
(2, 1)
>>> divmod(3.5, 2)
(1.0, 1.5)
```

（5）help(topics)：显示 topics 的帮助信息。

```
>>> help(abs)
Help on built-in function abs in module builtins:

abs(x, /)
    Return the absolute value of the argument.
```

2.7.2 数学函数

Python 标准库和第三方库提供了非常丰富的模块（包）。math 模块包含了一些常用的数学函数和数学常量。

要使用 math 模块，必须先导入 math 模块。通过 import 语句，可以导入模块，并使用其定义的功能。

导入和使用模块功能的基本形式如下：

```
import 模块名
模块名.函数名
模块名.变量名
```

导入 math 模块：

```
>>> import math
```

math 模块提供了常用数学常数 π 和 e：

```
>>> math.pi
3.141592653589793
>>> math.e
```

```
2.718281828459045
```

math 模块提供了如下常用数学函数：

（1）fabs(x)：返回 x 的绝对值（浮点数）。

```
>>> math.fabs(-8)
8.0
```

（2）ceil(x)：向上取整，返回不小于 x 的最小整数。

```
>>> math.ceil(8.1)
9
```

（3）floor(x)：向下取整，返回不大于 x 的最大整数。

```
>>> math.floor(8.1)
8
```

（4）trunc(x)：返回 x 的整数部分。

```
>>> math.trunc(8.6)
8
```

（5）modf(x)：返回 x 的小数和整数部分（元组）。

```
>>> math.modf(8.6)
(0.5999999999999996, 8.0)
```

（6）fmod(x, y)：返回 x 与 y 的模（浮点数）。

```
>>> math.fmod(8, 3)
2.0
```

（7）fsum([x, y, ...])：列表中元素（浮点数）精确求和。

```
>>> 0.1 + 0.2 + 0.3
0.6000000000000001
>>> math.fsum([0.1, 0.2, 0.3])
0.6
```

（8）factorial(x)：返回 x 的阶乘。若 x 是小数或负数，导致 ValueError 异常。

```
>>> math.factorial(8)
40320
```

（9）gcd(a, b)：返回 a 和 b 的最大公约数。

```
>>> math.gcd(125, 2525)
25
```

（10）pow(x, y)：返回 x^y 的值。

```
>>> math.pow(2.3, 3.5)
18.45216910555504
```

（11）exp(x)：返回 e^x 的值。

```
>>> math.exp(1)
2.718281828459045
```

（12）log(x)：返回 x 的自然对数值。

```
>>> math.log(2.718281828459045)
1.0
```

（13）log(x, base)：返回 x 的以 base 为底的对数值。

```
>>> math.log(100, 10)
2.0
```

（14）sqrt(x)：返回 x 的平方根值。

```
>>> math.sqrt(8)
2.8284271247461903
```

（15）degrees(x)：将 x 从弧度转换为角度。

```
>>> math.degrees(1.5707963267948966)
90.0
```

（16）radians(x)：将 x 从角度转换为弧度。

```
>>> math.radians(90)
1.5707963267948966
```

（17）sin(x)：返回 x 的正弦值，x 为弧度。

```
>>> math.sin(math.pi / 2)
1.0
```

（18）cos(x)：返回 x 的余弦值，x 为弧度。

```
>>> math.cos(math.pi)
-1.0
```

（19）tan(x)：返回 x 的正切值，x 为弧度。

```
>>> math.tan(0.0)
0.0
```

（20）asin(x)：返回 x 的反正弦值。

```
>>> math.asin(1.0)
1.5707963267948966
```

（21）acos(x)：返回 x 的反余弦值

```
>>> math.acos(-1.0)
3.141592653589793
```

（22）atan(x)：返回 x 的反正切值。

```
>>> math.atan(0.0)
0.0
```

【例 2.4】编写程序，输入两个点的坐标(x_1, y_1)和(x_2, y_2)，输出它们之间的距离 distance。结果保留 2 位小数。利用下面的公式计算两点之间的距离

$$distance = \sqrt{(x_2 - x_1)^2 + (y_2 - y_1)^2}$$

```
1  import math
2  x1, y1, x2, y2 = eval(input("输入两个点的坐标: "))
3  d = math.sqrt((x2 - x1) ** 2 + (y2 - y1) ** 2)
4  print("两点之间的距离: %.2f" % (d))
```

【运行示例】

输入两个点的坐标: 1.5, -3.4, 4, 5↙

两点之间的距离: 8.76

第 1 行导入 math 模块。第 3 行根据输入的点坐标计算两点之间的距离，利用 math 模块中的

sqrt 函数求平方根。

2.8   对象和方法简介

在 Python 中，一切都是对象。整数是对象，浮点数是对象，字符串是对象，甚至函数也是对象。

对象有三要素：身份标识、数据类型和值。

可以使用内置函数 id 和 type 来获取对象信息。

```
>>> i = 8
>>> id(i)
1445028288
>>> type(i)
<class 'int'>
>>> f = 5.8
>>> id(f)
2264381270344
>>> type(f)
<class 'float'>
>>> s = "Hello"
>>> id(s)
2264391830752
>>> type(s)
<class 'str'>
>>> id(print)
2264381161336
>>> type(print)
<class 'builtin_function_or_method'>
```

每当执行程序时，Python 会自动为每个对象的 id 赋予一个新的唯一的整数，通过 id 区分不同的对象。在程序执行过程中，对象的 id 不会改变。

Python 根据对象的值决定对象的数据类型。同类对象具有相同的数据类型。例如，所有整数对象都具有<class 'int'>类型。

对象的类型由类（class）决定。<class 'int'>表示整数类是 int，<class 'float'>表示浮点数类是 float，<class 'str'>表示字符串类是 str，<class 'builtin_function_or_method'>表示内置函数或方法类是 builtin_function_or_method。

在 Python 中，类和类型是一样的意思。既可以说 8 是整数，也可以说 8 是整数类 int 的对象。

Python 中的变量实际上是一个对象的引用。

对于 i = 8，Python 做了两件事情：

（1）在内存中创建了一个整数 8 的对象，其类型为<class 'int'>。

（2）在内存中创建了一个名为 i 的变量，并把它指向该整数 8 的对象。

f = 5.8、s = "Hello"与 i = 8 类同，如图 2.1 所示。

图 2.1 变量是指向对象的引用

不可变对象的内容是不能被改变的。整数、浮点数和字符串都是不可变对象。

当将一个新值赋值给变量时，Python 就会为这个新值创建新对象，而后将这个新对象的引用赋值给这个变量。

```
>>> x = 8
>>> y = x
>>> id(x)
1437295040
>>> id(y)
1437295040
```

把 x 赋值给 y，x 和 y 都指向同一个对象（整数 8），它们的 id 相同。

```
>>> y = y + 1
>>> id(y)
1437295072
```

若将 1 加到 y，就会创建一个新对象，它被重新赋值给 y，y 指向一个新对象（id 改变了），如图 2.2 所示。

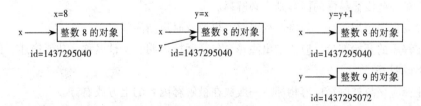

图 2.2 不可变对象

在一个对象中绑定的函数称为这个对象的方法。因此，方法只能通过一个特定的对象来调用：对象名.方法。例如，字符串对象含有将字母转换为小写的 lower 方法和将字母转换为大写的 upper 方法。

```
>>> s = "Hello"
>>> lowercase_string = s.lower()
>>> lowercase_string
'hello'
>>> s = "Python"
>>> uppercase_string = s.upper()
>>> uppercase_string
'PYTHON'
```

s.lower()返回一个小写字母表示的新字符串，并赋值给 lowercase_string。s.upper()返回一个大写字母表示的新字符串，并赋值给 uppercase_string。

空值是 Python 里一个特殊的值，用 None 表示。None 不能理解为 0，因为 0 是有意义的，而 None 是一个特殊的空值。None 有自己的数据类型 NoneType。可以将 None 赋值给任何变量。

```
>>> type(None)
<class 'NoneType'>
>>> n = None
>>> type(n)
<class 'NoneType'>
```

2.9　程序设计风格

程序设计风格（programming style）决定了程序的外观样式。程序的一个重要作用是给人看，首先是写程序的人看。人们从程序设计实践中取得了共识，程序必须具有良好的程序设计风格，这样程序的正确性、有效性、可读性和易维护性将会得到保证。

Python 官网给出了 Python 编码规范（style guide for Python code，PEP），可以访问网址 https://www.python.org/dev/peps/pep-0008，查看最新的版本 PEP 8。

2.9.1　适当的注释

（1）用注释告诉程序阅读者所需要知道的内容。

（2）注释应当准确、易懂，防止出现二义性。

（3）注释不可喧宾夺主，注释太多了反而适得其反。要向程序阅读者解释那些复杂或很难理解的内容，对一些浅显易懂的内容则不必解释。

（4）边写程序边加注释。当修改程序时，也要及时更新注释。

（5）在程序的开始部分，应该给出注释，包括版权声明、文件名称、功能描述、创建日期、作者、版本说明等。

（6）注释应该与被解释内容相邻。一般放在被解释内容的上方或右方。

2.9.2　命名习惯

（1）命名习惯最重要的是保持一致。

（2）标识符最好采用英文单词或其组合，尽量做到"见名知义"。

例如，编写一个计算学生成绩的程序，程序中需要输入学生学号、语文成绩、英语成绩、数学成绩，最后再计算三科的平均成绩。如果程序中的变量声明为 x、a、b、c、d，没有人会看懂这几个变量所代表的意义，就算在程序开头注明 x 代表学生学号、a 代表语文成绩、b 代表英语成绩、c 代表数学成绩、d 代表三科平均成绩，在程序中，也很容易忘记什么变量代表什么意义。如果把这几个变量声明为 student_number、chinese、english、math、average，这样是不是比较清楚易懂呢？而且可以在声明变量时加上注释。

（3）标识符的长度应该符合"最小长度最大信息"的原则。

长名字可以更好地表达含义。但名字不是越长越好。单字符的名字有时也是有用的。

（4）不要使用仅靠大小写来区分的相似标识符。

（5）常量名全部采用大写字母，如果名字由多个单词构成，单词之间用下画线连接。但首尾不要使用下画线。如常量名 PI 和常量名 MAX_VALUE。

（6）变量名、函数名采用小写字母，如果由多个单词构成，单词之间用下画线连接。但首尾不要使用下画线。如变量名 radius 和变量名 my_age。

2.9.3 程序编排

（1）写文章要分段落，写程序也要分段落。空行起着段落分隔的作用，段落之间一般放置一或两个空行。适当的空行将使程序更为清晰易读。

（2）程序要有对齐和缩进，使不同的程序结构之间形成层次关系。缩进以空 4 个空格最佳。

（3）不要书写复杂的代码行，一行代码只做一件事情。

（4）每行代码的最大长度不要超过 79 个字符。过长的代码可以"断行"，拆分为多行。"断行"点一般在运算符的后边。换行可以使用反斜杠，最好使用圆括号（Python 有个特性：任何包含在一对圆括号中的代码可以分散在多行）。拆分出的新行要进行适当的对齐和缩进。

```
quotation = "Well written code is its own " + \
            "best documentation."
quotation = ("Well written code is its own " +
             "best documentation.")
```

（5）二元、三元运算符的两边应当各加一个空格。例如，i = 3 + 4 * 4。

（6）如果有多行赋值，那么将上下行的赋值运算符=对齐。例如：

```
year  = 2017
month = 6
day   = 18
```

思考与练习

1. 下面哪些标识符是合法的？

   x，X，4#R，apps，$4，stock_code，#44，_invoice_total，printf

2. 下面哪些标识符是 Python 语言关键字？

   None，return，eval，int，print，import，radius，const，if

3. 根据命名习惯，下面哪些标识符可以作为变量或常量的名字？

   MAX_VALUE，Test，radius，readInt，compute_area

4. 如何获取一个对象的身份标识 id？如何获取一个对象的类型？

5. 计算下列表达式的值。

   （1）1 / 4 + 5

   （2）2 * 8 % 5

   （3）2 / 3 + 7 % 4 + 3.5 / 7

   （4）2 + 2 * (2 * 2 - 2) % 2 / 2

   （5）10 + 9 * ((8 + 7) % 6) + 5 * 4 % 3 * 2 + 1

   （6）1 + 2 + (3 + 4) * ((5 + 6 % 7 * 8) - 9) - 10

6. 将下列数学式子转换为 Python 语言表达式。

（1） $\dfrac{a}{b+c}$

（2） $\dfrac{3+4x}{5} - \dfrac{10(y-5)(a+b+c)}{x} + 9\left(\dfrac{4}{x} + \dfrac{9+x}{y}\right)$

（3） $\dfrac{4}{3(r+34)} - 9(a+bc) + \dfrac{3+d(2+a)}{a+bd}$

（4） $\sqrt{\dfrac{y^2+1}{2x}}$

（5） $\dfrac{\pi}{a^2+\sqrt{b}}$

（6） $\dfrac{\sin x}{x} + \left|\cos\dfrac{\pi x}{2}\right|$

7. 下列语句是否都正确？正确的，写出输出结果。

```
value = 8.6
print(int(value))
print(round(value))
print(eval("2 * 5 + 8"))
print(int("08"))
print(eval("08"))
print(int("8.5"))
print(float("2 * 5 + 8"))
print(float("08"))
```

8. 下列语句是否都正确？正确的，写出输出结果。

```
s = "Hello"
print(len(s))
print(s.lower())
print(s.upper())
print("1" + "2")
print("Chapter" + 1)
```

9. 写出下列语句的输出结果。

```
print(format(78.458666, "9.3f"))
print(format(78.458666, "9.3e"))
print(format(0.0033911, "9.3%"))
print(format(58, "5d"))
print(format("Python is fun", "10s"))
```

10. 写出下列程序的输出结果。

```
x = 'a'
y = 'A'
print(ord(x) - ord(y))
print(chr(ord(y) + 1))
print(chr(ord(y) + ord(x) - ord(y)))
```

编 程 题

1. 编写程序，从键盘输入两个整数，计算并输出这两个整数的和、平均值、最小值和最大值。平均值保留 2 位小数。

【运行示例】

输入整数 1：5✓

输入整数 2：4✓

两个整数的和：9

两个整数的平均值：4.50

两个整数的最小值：4

两个整数的最大值：5

2. 编写程序，从键盘输入两个整数，存放在变量 a 和 b 中，并交换 a 和 b 中的值。

【运行示例】

输入整数 a：2✓

输入整数 b：6✓

交换前：a=2，b=6

交换后：a=6，b=2

3. 编写程序，从键盘输入一个 3 位正整数（假设其个位数不为 0），将其按逆序转换为新的整数后输出。例如，输入 123，输出 321。

数的各位分离是指将整数 n 的每一位数取出，在取数的过程中，反复运用 "%" 和 "//" 运算符，"n%10" 运算可以取出整数 n 的个位数，而 "n//10" 运算可以将整数 n 的十位数移至个位数、百位数移至十位数……反复运用这两个表达式就可以取出整数 n 的每一位数。

【运行示例】

输入三位正整数(个位数不为 0)：123✓

逆序后的数：321

4. 编写程序，从键盘输入 a，计算 $\dfrac{\cos 50° + \sqrt{37.5}}{a+1}$ 的值，$a \neq -1$。结果保留 2 位小数。

【运行示例】

输入整数 a：2✓

计算结果：2.26

5. 编写程序，输入存款（money）、存期（year）和年利率（rate），计算存款到期时的税前利息（interest）。结果保留 2 位小数。公式如下：

$$\text{interest} = \text{money}(1+\text{rate})^{\text{year}} - \text{money}$$

【运行示例】

输入存款：10000✓

输入存期：3✓

输入年利率：0.025✓

存款到期时的税前利息：768.91

第 3 章 程序的控制结构

语句是程序运行时执行的命令。语句必须在形式上符合语法要求；每个形式合法的语句都表达了一种含义，表示在程序执行中要做的一个动作，这称为语句的语义。符合语法和语义要求的语句能够完成一项基本任务。

一条语句能完成的工作很有限，要实现一个复杂的计算过程，往往需要执行多条语句，这些语句必须按照某种规定顺序，形成一个执行流程，逐步完成整个任务。为了描述多条语句的执行流程，应该提供相应的流程描述机制，这种机制一般称为控制结构，其作用就是控制语句的执行。有 3 种基本控制结构：顺序结构、分支结构和循环结构。顺序结构是程序默认的执行流程，分支结构和循环结构则使用相应的控制语句进行控制。

3.1　单入口单出口的控制结构

在前面章节中，程序中的语句都是按程序员书写的顺序逐一执行的，这是一种最自然、最简单的控制结构，称为顺序结构。顺序结构中的每一条语句都被执行一次且只能被执行一次。图 3.1 所示的顺序结构依次执行语句 A 和语句 B。

程序常常需要根据某个条件测试的结果，从两个或多个独立的程序执行路径中做出选择，这样的控制结构称为分支结构。图 3.2 所示的分支结构根据给定的条件是否成立，进行二选一的控制，当条件为"真"时，执行语句 A，而条件为"假"时，执行语句 B。

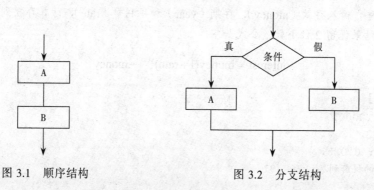

图 3.1　顺序结构　　　　图 3.2　分支结构

在 Python 语言中，用 if 语句来描述分支结构。

　　有时程序要处理很多数据，在某个条件成立的情况下，重复执行一系列操作，这样的控制结构称为循环结构。循环结构分为"当型"循环结构和"直到型"循环结构。

　　图 3.3 所示为"当型"循环结构，当给定的条件为"真"时，重复执行语句 A，条件为"假"时，就执行循环结构后面的语句。

　　图 3.4 所示为"直到型"循环结构，重复执行语句 A 直到给定的条件为"假"，然后执行循环结构后面的语句。

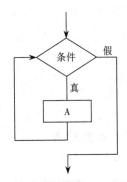

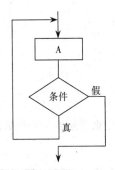

图 3.3　"当型"循环结构　　　　　　　图 3.4　"直到型"循环结构

　　这两种循环的区别是："当型"循环结构是先判断条件后执行语句，"直到型"循环结构是先执行语句后判断条件。

　　在 Python 语言中，用 while 语句和 for 语句来描述循环结构。

　　顺序结构、分支结构和循环结构有一个共同点：它们都只有一个入口和一个出口。1966 年意大利计算机科学家 Corrado Böhm 和 Giuseppe Jacopini 证明了只用顺序、分支和循环这 3 种基本控制结构就能实现任何单入口单出口的程序。1972 年 IBM 公司的 Harlan Mills 进一步提出，程序应该只有一个入口和一个出口。这些工作为结构化程序设计方法奠定了基础。

　　结构化程序设计方法的思想最初是由荷兰计算机科学家 Edsger Wybe Dijkstra 在 1965 年提出的。"如果一个程序的代码块仅仅通过顺序、分支和循环这 3 种基本控制结构进行连接，并且每个代码块只有一个入口和一个出口，则称这个程序是结构化的。"

3.2　布尔类型和关系运算符

　　选择性问题的特点是满足特定条件后，执行相应的动作。

　　Python 提供了分支（选择）语句，使程序可以根据条件决定执行哪些语句。

　　分支语句使用的条件称为布尔表达式。布尔表达式是指计算结果为布尔值 True 或 False 的表达式。

　　布尔值：True（表示"真"）、False（表示"假"），它们都是关键字。

　　布尔类型被用来代表布尔值。存放布尔值的变量称为布尔变量。

```
>>> b = True
>>> type(b)
<class 'bool'>
```

<class 'bool'> 表示布尔类型。在计算机内部，Python 使用 1 来表示 True，使用 0 来表示 False。

可以使用 int 函数将布尔值转换为整数。

bool 函数也是 Python 提供的内置函数，可以使用 bool 函数将整数或浮点数转换为布尔值。

```
>>> int(True)
1
>>> int(False)
0
>>> bool(0)
False
>>> bool(8)
True
>>> bool(0.0)
False
>>> bool(8.8)
True
```

关系运算符用来表示两个操作数之间的大小或相等关系，如表 3.1 所示。

表 3.1　关系运算符及其含义

运　　算　　符	含　　义
>	大于
>=	大于或等于
<	小于
<=	小于或等于
==	等于
!=	不等于

注意区分赋值运算符 "=" 和关系运算符 "=="。

用关系运算符将两个表达式连接起来的式子称为关系表达式。关系表达式的值为布尔值，关系成立，结果为 "真"，关系不成立，结果为 "假"。

```
>>> a, b, c = 1, 2, 3
>>> a > b
False
>>> a + b == c
True
>>> b + c > a
True
>>> d = a > b > c
>>> d
False
>>> 0 <= a <= 2
True
```

算术运算符的优先级高于关系运算符。例如，a + b == c 先计算 a + b 的值，再和 c 进行相等比较。

关系运算符是左结合的，赋值运算符的优先级低于关系运算符。例如，d = a > b > c 等价于 d

= (a > b) > c，a > b 的结果为 False，b > c 的结果也为 False，最终 d 的值为 False。

在 Python 中，布尔表达式 0 <= a <= 2 可以正确表达数学式 $0 \leqslant a \leqslant 2$ 的含义。

```
>>> 'a' > 'b'
False
>>> "glow" < "green"
True
```

字符串比较实际上是对字符编码的比较。在 ASCII 字符集中，'a' 的 ASCII 码是 97，'b' 的 ASCII 码是 98，97 > 98 的值为 False。

应该避免直接对浮点数进行等于 "==" 比较，浮点数的误差可能造成两个本来应该相等的浮点数不相等。

```
>>> x = (1 / 3) * 2.5
>>> x
0.8333333333333333
>>> y = 5 / 6
>>> y
0.8333333333333334
>>> x == y
False
```

变量 x 和 y 近似值相等，精确值不相等。可以利用 x 和 y 差值的绝对值的精度是否在允许的误差内来判断 x 和 y 是否相等。

通常使用下列表达式判断 x 和 y 是否相等：

```
>>> EPSILON = 1e-6    # 0.000001
>>> abs(x - y) <= EPSILON
True
```

3.3 成员运算符和身份运算符

成员运算符 in 或 not in 可以用来判断某个元素是否在某个序列中，返回 True 或 False。

例如，可以判断某个字符是否包含在某个字符串中，可以判断某个对象是否在某个列表中等。

```
>>> s = "Welcome"
>>> "come" in s
True
>>> 'W' not in s
False
>>> a = "dog"
>>> b = "rabbit"
>>> animals = ["dog", "elephant", "snake"]
>>> a in animals
True
>>> b not in animals
True
```

对象身份运算符 is 或 is not 用来判断两个对象是否是同一个对象，返回 True 或 False。

注意区分身份运算符 "is" 和关系运算符 "=="。

is 判断的是 a 对象是否就是 b 对象，是通过 id 来判断的。a is b 等价于 id(a) == id(b)。

```
>>> list1 = [1, 2, 3]
>>> list2 = [1, 2, 3]
>>> id(list1)
2505201304776
>>> id(list2)
2505201226376
>>> list1 is list2
False
>>> a = 1
>>> b = 1.0
>>> id(a)
1452957920
>>> id(b)
2505190681192
>>> a is b
False
```

== 判断的是 a 对象的值是否和 b 对象的值相等。

```
>>> list1 == list2
True
>>> a == b
True
```

对于小整数（[−5, 256] 之间所有的整数），为了减少小整数对象的重复创建，Python 引入了小整数常量池。

```
>>> x = 256
>>> y = 256
>>> id(x)
1452966080
>>> id(y)
1452966080
>>> x is y
True
>>> x == y
True
```

上面例子中，x 和 y 指向小整数常量池中同一个整数对象（值相等），它们的 id 也是相同的。
对于小整数（[−5, 256] 之间所有的整数）之外的其他整数，Python 则不进行处理。

```
>>> a = 257
>>> b = 257
>>> id(a)
2505201397808
>>> id(b)
2505201397840
>>> a is b
False
>>> a == b
```

True

上面例子中，a 和 b 指向不同的整数对象（值相等），它们的 id 是不同的。

3.4　if　语　句

3.4.1　单分支 if 语句和双分支 if-else 语句

单分支 if 语句的语法如下：

```
if 条件:
    语句
```

条件两边没有圆括号，":" 是单分支 if 语句的组成部分。

语句可以是一条或多条语句。语句必须相对于 if 向右缩进（建议向右缩进 4 个空格）；若为多条语句，必须向右缩进相同的空格。

首先计算条件的值，如果条件的值为"真"，则执行语句后结束单分支 if 语句；如果条件的值为"假"，则立即结束单分支 if 语句。

双分支 if-else 语句的语法如下：

```
if 条件:
    语句 1
else:
    语句 2
```

条件两边没有圆括号，":" 是双分支 if-else 语句的组成部分。

语句（语句 1 或语句 2）可以是一条或多条语句。语句必须相对于 if（else）向右缩进（建议向右缩进 4 个空格）；若为多条语句的话，必须向右缩进相同的空格。

首先计算条件的值，如果条件的值为"真"，则执行语句 1 后结束双分支 if-else 语句；如果条件的值为"假"，则执行 else 后边的语句 2 后结束双分支 if-else 语句。

注意：Python 中的缩进是强制的。通过缩进，Python 能够识别出语句是隶属于单分支 if 语句或双分支 if-else 语句。

【例 3.1】编写程序，从键盘输入圆的半径，计算并输出圆面积。结果保留 2 位小数。

如果圆半径 radius 输入了一个负值，程序会显示错误的结果。如果圆半径是一个负值，就不希望程序计算圆面积，而是给出错误提示信息。利用 if 语句，可以解决该程序存在的问题。

```
1   PI = 3.14159
2   radius = eval(input("输入圆半径: "))
3   if radius >= 0:
4       area = PI * radius * radius;
5       print("圆面积: %.2f" % (area))
6   else:
7       print("圆半径为负值")
```

【运行示例】

输入圆半径: 2.5↙

圆面积: 19.63

输入圆半径: -2.5↙

　　圆半径为负值

　　第 3～7 行是双分支 if-else 语句。如果圆半径 radius 大于或等于 0，则执行双分支 if-else 语句的 if 语句，计算圆面积并在屏幕上显示结果；否则执行双分支 if-else 语句的 else 语句，在屏幕上显示错误提示信息。

　　双分支 if-else 语句还有一种更简洁的表达方式：条件表达式。

　　条件表达式根据某个条件计算一个表达式，语法如下：

```
表达式1 if 布尔表达式 else 表达式2
```

　　布尔表达式若为"真"，整个条件表达式的计算结果就是表达式 1 的值；否则，整个条件表达式的计算结果就是表达式 2 的值。

　　下面的语句在 x 大于 0 时将 1 赋值给 y，在 x 小于或等于 0 时将 -1 赋值给 y。

```
if x > 0:
    y = 1
else:
    y = -1
```

　　可以使用条件表达式改写上面的双分支 if-else 语句。

```
y = 1 if x > 0 else -1
```

　　其他例子：

```
max_value = number1 if number1 > number2 else number2
```

　　将变量 number1 和 number2 的最大数赋值给 max_value。

```
print("number is even" if number % 2 == 0 else "number is odd")
```

　　若 number 是偶数，显示"number is even"；否则，显示"number is odd"。

3.4.2　多分支 if-elif-else 语句

　　if 语句或 if-else 语句中的语句可以是任何一个合法的 Python 语句，甚至可以包括另一个 if 语句或 if-else 语句。内部 if 语句嵌套在外部 if 语句中。内部 if 语句还可以包含另一个 if 语句，嵌套 if 语句的深度并没有限制。

　　Python 通过缩进来表明 else 与哪个 if 匹配。

　　嵌套 if 语句可以用来实现多种选择。由此形成了多分支 if-elif-else 语句，语法如下：

```
if 条件1:
    语句1
elif 条件2:
    语句2
…
elif 条件n-1:
    语句n-1
else:
    语句n
```

　　其执行流程如图 3.5 所示。首先计算条件 1 的值，如果条件 1 的值为"真"，则执行语句 1 后结束多分支 if-elif-else 语句；否则计算条件 2 的值，如果条件 2 的值为"真"，则执行语句 2 后结束多分支 if-elif-else 语句；……；条件 1 至条件 n-1 的值都为"假"时，最后执行 else 子句的语句 n。

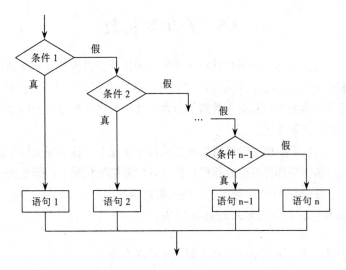

图 3.5　多分支 if-elif-else 语句执行流程

注意：多分支 if-elif-else 语句在语法上是一条语句。

【例 3.2】编写程序，输入 x，计算并输出分段函数 $f(x)$的值。结果保留 2 位小数。分段函数定义如下：

$$f\left(x\right)=\begin{cases} \sin x & 0.5 \leqslant x < 1.5 \\ \log_e x & 1.5 \leqslant x < 4.5 \\ e^x & 4.5 \leqslant x < 7.5 \end{cases}$$

```
1   import math
2   x = eval(input("输入x: "))
3   if 0.5 <= x < 1.5:
4       print("函数值是: %.2f" % (math.sin(x)))
5   elif 1.5 <= x < 4.5:
6       print("函数值是: %.2f" % (math.log(x)))
7   elif 4.5 <= x < 7.5:
8       print("函数值是: %.2f" % (math.exp(x)))
9   else:
10      print("x值超出范围!")
```

【运行示例】

输入 x: 0.5✓
函数值是: 0.48
输入 x: 1.5✓
函数值是: 0.41
输入 x: 4.5✓
函数值是: 90.02
输入 x: 8✓
x值超出范围!

3.5　产生随机数

在某些程序中，行为的不可预测性是很重要的。如果计算机游戏每次得到同样结果是很乏味的。另一个是计算机模拟（仿真），也就是用计算机模拟某种实际情况或者过程，以帮助人们认识其中的规律性。客观事物的变化总有一些随机因素，如果多次模拟得到的结果完全一样，将无法很好地反映客观过程的实际情况。

由于这些情况，人们希望能用计算机生成随机数。实际上，计算机无法生成真正的随机数，只能生成伪随机数。如何用计算机生成随机性比较好的随机数仍是人们研究的一个问题。

Python 提供一个 random 模块，包含了一些随机数函数。

要使用 random 模块，必须先导入 random 模块。

```
>>> import random
```

（1）random()函数：返回一个[0.0, 1.0)之间的随机浮点数。

```
>>> random.random()
0.18689744516782836
```

（2）uniform(a, b)函数：返回一个[a, b]（a<=b）之间的随机浮点数或[b, a]（a>b）之间的随机浮点数。

```
>>> random.uniform(10, 20)
14.069351043806858
>>> random.uniform(20, 10)
18.75341778116323
```

（3）randint(a, b)函数：返回一个[a, b]之间的随机整数，若 a>b，则导致 ValueError 异常。

```
>>> random.randint(1, 10)
7
>>> random.randint(10, 10)
10
```

（4）randrange(stop)函数或 randrange(start, stop[, step])函数：从指定范围内、按指定步长（默认情况下步长为 1）递增的序列中获取一个随机整数。例如，randrange(10)返回一个[0, stop − 1]之间的随机整数，即相当于从 0、1、2、3、…、8、9 序列中获取一个随机数；randrange(10, 100, 2)返回一个[start, stop − 1]之间的随机整数，即相当于从 10、12、14、16、…、96、98 序列中获取一个随机数。

```
>>> random.randrange(10)
9
>>> random.randrange(10, 100, 2)
60
```

（5）random.choice(seq)函数：从序列 seq 中获取一个随机元素，序列 seq 可以是元组、列表、字符串等。若 seq 是空序列，则导致 IndexError 异常。

```
>>> random.choice(("tuple", "list", "string"))
'tuple'
>>> random.choice([1, 2, 3, 4, 5])
2
>>> random.choice("Hello, World!")
```

'o'

（6）random.shuffle(x[, random])函数：将序列 x 中的元素打乱，可选参数 random 是一个返回[0.0, 1.0)之间的随机浮点数的无参函数，默认情况下就是 random()函数。

```
>>> items = [1, 2, 3, 4, 5, 6, 7]
>>> random.shuffle(items)
>>> items
[3, 6, 5, 1, 7, 2, 4]
```

（7）random.sample(population, k)函数：从 population 序列或集合中随机获取指定长度 k 的片断。不会修改原有 population 序列或集合。如果 k 大于 population 序列或集合中元素个数，则导致 ValueError 异常。

```
>>> random.sample([1, 2, 3, 4, 5], 3)
[2, 5, 1]
```

实际上，随机数函数使用一个称为"种子"的值控制随机数的生成。"种子"一般是整数。只要"种子"相同，每次生成的随机数序列也相同。可以使用 seed 函数设置种子值。

```
>>> random.seed(88)
```

3.6　逻辑运算符

有时候，几个条件组合在一起决定是否执行语句。可以使用逻辑运算符来组合这些条件形成一个布尔表达式。

三种逻辑运算符：逻辑非（not）、逻辑与（and）和逻辑或（or）。

表 3.2 给出了逻辑运算的真值表。

表 3.2　逻辑运算的真值表

a	b	not a	a and b	a or b
True	True	False	True	True
True	False	False	False	True
False	True	True	False	True
False	False	True	False	False

如果 a 的值为 False，则 not a 的结果为 True。

如果 a 和 b 的值都为 True，则 a and b 的结果为 True。

如果 a 和 b 的值都为 True 或者任意一个为 True，则 a or b 的结果为 True。

其他情况下，逻辑运算的结果都为 False。

逻辑运算符 and 和 or 具有"短路"特性：

对于 a and b，当 a 为 False 时，结果为 False，不必再计算 b；仅当 a 为 True 时，才需计算 b。

对于 a or b，当 a 为 True 时，结果为 True，不必再计算 b；仅当 a 为 False 时，才需计算 b。

德•摩根定律：

not (condition1 and condition2)　等价于　not condition1 or not condition2；

not (condition1 or condition2)　等价于　not condition1 and not condition2。

判断 x 和 y 不同时为 0：not (x == 0 and y == 0)，可以简化为 x != 0 or y != 0。

对于 x > 10 and x <= 20，可以简化为 10 < x <= 20。

对于 x <= 10 or x > 20，可以简化为 not (10 < x <= 20)。

对于 animal == "dog" or animal == "elephant" or animal == "snake" or animal == "rabbit"，可以简化为 animal in ["dog", "elephant", "snake", "rabbit"]。

【例 3.3】编写程序，从键盘输入三角形的三条边 *a*、*b* 和 *c*，若 *a*、*b* 和 *c* 能构成三角形，则计算三角形面积并输出结果，结果保留 2 位小数；否则输出错误提示信息 "不能构成三角形"。

例 2.1 中，如果三角形的三条边不能构成三角形，程序会显示错误的结果。若任意两条边之和都大于第三条边，那么就能构成三角形。检查 *a*、*b* 和 *c* 能否构成三角形的布尔表达式为：a + b > c and a + c > b and b + c > a。

```
1   import math
2   a, b, c = eval(input("请输入以逗号分隔的三角形三条边: "))
3   if a + b > c and a + c > b and b + c > a:
4       p = (a + b + c) / 2.0
5       area = math.sqrt(p * (p - a) * (p - b) * (p - c))
6       print("三角形的面积: %.2f" % (area))
7   else:
8       print("不能构成三角形")
```

【运行示例】

请输入以逗号分隔的三角形三条边: 3, 4, 5↙
三角形的面积: 6.00
请输入以逗号分隔的三角形三条边: 1, 2, 3↙
不能构成三角形

计算三角形面积时，需要用到求平方根函数 sqrt，因此第 1 行导入 math 模块。

如果 a、b 和 c 能够构成三角形，则执行双分支 if-else 语句的 if 语句，计算三角形面积并在屏幕上显示结果；否则执行双分支 if-else 语句的 else 语句，在屏幕上显示错误提示信息。

【例 3.4】编写程序，要求用户从键盘输入某年的年份，若是闰年，则在屏幕上显示 "闰年"；否则在屏幕上显示 "平年"。

判断闰年的方法：如果某年能被 4 整除而不能被 100 整除，或者能被 400 整除，则这一年为闰年。判断整型变量 year 的值是否为闰年的逻辑表达式：(year % 4 == 0 and year % 100 != 0) or (year % 400 == 0)。

```
1   year = eval(input("输入某年的年份: "))
2   isLeapYear = (year % 4 == 0 and year % 100 != 0) or (year % 400 == 0)
3   if isLeapYear:
4       print("闰年")
5   else:
6       print("平年")
```

【运行示例】

输入某年的年份: 1996↙
闰年
输入某年的年份: 2010↙
平年

第 2 行赋值运算符的右边是判断闰年的布尔表达式,其值为 True,说明 year 是闰年,其值为 False,说明 year 是平年,布尔表达式的值存放在变量 isLeapYear 中。

如果 isLeapYear 的值等于 True,则执行双分支 if–else 语句的 if 语句,在屏幕上显示"闰年";否则执行双分支 if–else 语句的 else 语句,在屏幕上显示"平年"。

运算符的优先级和结合性决定了运算符的计算顺序。

最先计算圆括号内的表达式。计算没有圆括号的表达式时,遵循运算符优先级和结合性规则。

表 3.3 包含了已经学习过的运算符的优先级(同一行中优先级相同)和结合性。

表 3.3 运算符的优先级和结合性

优先级	运 算 符		结合性
高	** (幂)		左结合
	+、– (正号、负号)		右结合
	*、/、//、% (乘、除、整除、余数)		左结合
	+、– (加、减)		左结合
	in、not in、is、is not <、<=、>、>=、==、!=	(关系)	左结合
	not (逻辑非)		右结合
	and (逻辑与)		左结合
	or (逻辑或)		左结合
	条件表达式		左结合
低	=、+=、–=、*=、/=、//=、%= (赋值)		右结合

3.7 循　　环

西西弗斯(Sisyphus)是希腊神话中的人物,他因触犯宙斯(Zeus)受到严酷的惩罚。西西弗斯每天必须用尽全力将巨大的石头推上陡峭的高山,快到山顶时,石头会自动从他手中滑落,他只好重新再来一次,如此循环往复,没有穷尽。

对于我们人类,循环是不自然的。谁没事儿会给自己编个循环程序像机器人一样生活呢?

计算机最擅长的就是重复,可以使用循环来告诉程序重复地执行某些语句。

假设要累加 10 个整数。似乎可以声明 10 个变量,将键盘上输入的 10 个整数分别存放在这 10 个变量中,最后将这 10 个变量中的值相加。如果要累加 100 个或更多的整数,声明 100 个或更多的变量将导致重复而冗长的程序,采用这样的方法肯定是行不通的。

考虑另一种方法:假设输入 10 个整数 1、2、3……在输入每个整数的同时将其累加起来,1 加 2 等于 3,3 加 3 等于 6……这样不用单独保存每个输入的整数,只保存当前的累加和,当输入最后一个整数时,也就算出了这 10 个整数的和。即声明两个变量,变量 total 用于保存当前的累加和,其初始值为 0,变量 value 用于保存当前输入的整数。每当输入一个整数时,执行以下步骤:

(1)用户从键盘上输入一个整数,并将其保存到变量 value 中:value = eval(input())。

(2)将 value 累加到保存累加和的变量 total 中:total += value。

剩下的问题就是如何让程序重复执行步骤(1)、(2)共 10 次。

循环是解决许多问题的基本控制结构。

Python 提供了两种类型的循环语句：while 循环和 for 循环。while 循环是一种条件控制循环，根据条件的真假来控制循环次数。for 循环是一种计数器控制循环，根据计数器的计数来控制循环次数。

3.8　while 语 句

while 语句的语法如下：

```
while 条件：
    循环体
```

条件两边没有圆括号，"："是 while 语句的组成部分。

循环体由一条或多条语句构成。语句必须相对于 while 向右缩进（建议向右缩进 4 个空格）；若为多条语句，必须向右缩进相同的空格。

通过缩进，Python 能够识别出循环体是隶属于 while 的。

如图 3.6 所示，程序执行 while 语句时，先计算条件的值。如果值为"假"，则结束 while 语句。如果值为"真"，则执行循环体，然后回到 while 语句的开头，再次计算条件的值，持续执行循环体直到条件的值为"假"。

如果一开始条件检测的结果为"假"，则循环体一次都不执行。

【例 3.5】德国数学家高斯在上小学时，老师出了一道难题，计算 $1+2+3+\cdots+99+100$。高斯很快就在自己的小石板上写出了答案 5 050，老师非常惊讶，高斯怎么算得这么快？原来，高斯不是一个数一个数按部就班地加起来的，而是发现这些数字有一个规律，一头一尾依次两个数相加，它们的和都是一样的：$1+100=101$，$2+99=101$，$3+98=101$，…，$50+51=101$，一共是 50 个 101。所以，他很快就把答案算出来了。

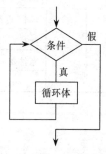

图 3.6　while 语句

如何用计算机解决这个问题？

本题实质上是一个累加问题。

用一个变量 total 保存累加和，其初始值为 0。

对于 1，2，3，…，100 中的每一个整数 i，依次把它加入到 total 中。

第 1 次，total 为 0、i 为 1，total+i 为 1，结果保存回 total。

第 2 次，total 为 1、i 为 2，total+i 为 3，结果保存回 total。

……

第 100 次，total 为 4950、i 为 100，total+i 为 5050，结果保存回 total。

问题抽象为统一的形式：total=total+i，采用 while 语句重复地计算。

```
1   total = 0
2   i = 1
3   while i <= 100:
4       total += i
5       i += 1
6   print(total)
```

【运行示例】

5050

total 用来保存当前所有已经输入的整数的和。在循环开始前，total 的初始值应为 0，这样才能保证累加第一个整数后得到正确结果。第 1 行将 total 初始化为 0。

在 while 语句的条件中，应该有一个变量能影响条件的求值结果，如变量 i，该变量称为循环变量。这个变量控制着循环何时结束。对这种变量一般有以下操作：循环开始前必须为变量设置初始值，如 i=1（第 2 行）；每次执行循环体之前利用它检测循环条件，如 i<=100（第 3 行）；执行循环体时为该变量赋予新值，如 i+=1（第 5 行），并且这种修改必须保证条件 i<=100 的值最终为"假"。

在使用 while 语句时，循环必须是可终止的，否则程序会进入死循环。while 语句的条件决定循环是否可终止，因此在循环体中必须有对条件的值有所改变的语句，才有可能终止循环。

【例 3.6】 编写程序，要求用户从键盘输入若干整数，输出它们的和。

因为不知道输入的整数数量，所以无法事先确定循环次数，需要自己设计循环条件。较好的解决办法是引入一个用来结束循环的特殊标志，在循环执行过程中，遇到该标志，循环就结束了。对于若干整数累加的问题，标志不能是用户要累加的整数值，但 0 是例外，忽略用户输入的 0，不会对最后的累加和产生影响。因此，本题用来结束循环的标志是 0。

用变量 total 保存累加和，其初始值为 0。

键盘上输入的整数 value，若为 0，则循环结束；否则把它加入到 total 中。

问题抽象为统一的形式：total=total+value，采用 while 语句重复地计算。

```
1   print("请输入若干整数，以 0 作为结束标志")
2   total = 0;
3   value = eval(input())
4   while value != 0:
5       total += value
6       value = eval(input())
7   print("整数和: " + str(total))
```

【运行示例】

请输入若干整数，以 0 作为结束标志

2

3

4

0

整数和：9

输入若干整数，以 0 作为结束标志

0✓

整数和：0

第 3 行从键盘上输入一个整数并保存在变量 value 中，第 4~6 行是 while 语句。第 4 行判断变量 value 中的值是否等于 0，如果是则结束循环，执行第 7 行开始的语句；否则将 value 的值累加到变量 total 中，第 6 行继续从键盘上输入一个整数并保存在变量 value 中。可以一次性输入很多数据，但只有 0 前面的数据参加了运算。如果输入的数据中没有 0，则循环不会结束。

【例 3.7】 编写程序，要求用户从键盘输入一个正整数，计算并输出该整数中各位数字的和。

例如，整数 932 中各位数字的和为 14（9+3+2）。

声明一个变量 total 保存整数中各位数的和，其初始值为 0，通过循环累加各位数字，最后输出结果。

问题的关键是如何将一个正整数中的各位数字拆开。任何整数 n 的最后一位是它本身除以 10 所得到的余数，即 n%10 可以得到整数 n 的个位数字；而 n//10 可以得到整数 n 除了最后一位的其他数字。例如，932%10 得到 2，932//10 得到 93。

在一个循环周期中，将 n%10 的值累加到 total 中，再 n//10。反复运用这两个表达式就可以得到整数 n 中各位数字的和。每个循环周期中，都 n//10，最终将使 n 为 0。只要 n 的值大于 0，就继续循环。

```
1   n = eval(input("输入一个正整数："))
2   total = 0
3   while n > 0:
4       total += n % 10
5       n //= 10
6   print("整数中各位数字的和：%d" % (total))
```

【运行示例】

输入一个正整数：932✓
整数中各位数字的和：14

【例 3.8】编写程序，随机生成一个[0,100]之间的整数（称为神秘数），提示用户连续输入数字，直至其与神秘数相等；对于用户输入的数字，会提示它比神秘数大或小，便于用户更明智地选择下一个输入的数字。

```
1    import random
2    number = random.randint(0, 100)
3    print("猜测[0, 100]之间的神秘数")
4    guess = -1
5    while guess != number:
6        guess = eval(input("请输入你的猜数："))
7        if guess == number:
8            print("你猜对了，神秘数是：%d" % (number))
9        elif guess > number:
10           print("猜数太大")
11       else:
12           print("猜数太小")
```

【运行示例】

猜测[0, 100]之间的神秘数
请输入你的猜数：50✓
猜数太小
请输入你的猜数：75✓
你猜对了，神秘数是：75

每次运行的结果可能是不同的。

需要用到随机数，第 1 行导入 random 模块。

第 2 行产生一个[0,100]之间的随机整数。

第 4 行 guess 初始化为–1，要避免将它初始化为一个[0, 100]之间的数，因为那可能是要猜测的数。

第 5～12 行是 while 语句，其功能是与用户交互直到猜出神秘数为止。

while 语句有一个可选的 else 语句。当循环正常结束后，会执行 else 语句。

例如：

```
i = 1
while i <= 5:
    print(i)
    i += 1
else:
    print("循环结束")
```

输出：

```
1
2
3
4
5
循环结束
```

3.9　for 语 句

for 语句的语法如下：

```
for var in sequence:
    循环体
```

"：" 是 for 语句的组成部分。

循环体由一条或多条语句组成。语句必须相对于 for 向右缩进（建议向右缩进 4 个空格）；若为多条语句，必须向右缩进相同的空格。

通过缩进，Python 能够识别出循环体是隶属于 for 的。

序列 sequence 中保存着一组元素，元素的个数决定了循环次数，因此，for 循环的循环次数是确定的。for 循环依次从序列 sequence 中取出元素，赋值给变量 var，var 每取序列 sequence 中的一个元素值，就执行一次循环体。

例如：

```
for animal in ["dog", "elephant", "snake", "rabbit"]:
    print(animal)
```

输出：

```
dog
elephant
snake
rabbit
```

range 函数是 Python 提供的内置函数。range 函数与 for 语句关系密切。

range(stop)函数或 range(start, stop[, step])函数生成一个整数序列。

（1）start、stop 和 step 均为整数；

（2）若 start 参数缺省，则默认为 0；若 step 参数缺省，则默认为 1；

（3）如果 step 是正整数，则最后一个元素小于 stop；

（4）如果 step 是负整数，则最后一个元素大于 stop；

（5）若 step 为零，会导致 ValueError 异常。

注意：range 函数返回一个可迭代对象。

list 函数也是 Python 提供的内置函数。list 函数可以将可迭代对象转换为一个列表并返回该列表。

```
>>> list(range(10))
[0, 1, 2, 3, 4, 5, 6, 7, 8, 9]
>>> list(range(1, 11))
[1, 2, 3, 4, 5, 6, 7, 8, 9, 10]
>>> list(range(0, 30, 5))
[0, 5, 10, 15, 20, 25]
>>> list(range(0, -10, -1))
[0, -1, -2, -3, -4, -5, -6, -7, -8, -9]
>>> list(range(0))
[]
>>> list(range(1, 0))
[]
```

range 函数生成的整数序列中的元素个数就是 for 循环的循环次数。

例如：

```
for i in range(0, 30, 5):
    print(i)
```

输出：

```
0
5
10
15
20
25
```

range(0, 30, 5) 生成整数序列：0、5、10、15、20、25，for 循环将循环 6 次，每次循环从序列中取出一个整数赋值给变量 i，输出 i 中的值。

【例 3.9】 编写程序，求 1+2+3+…+100 的和。

```
1   total = 0
2   for i in range(1, 101):
3       total += i
4   print(total)
```

【运行示例】

```
5050
```

在循环次数已知的情况下，最适合使用 for 语句。

total 用来保存当前的累加和。在循环开始前，total 的初始值应为 0，这样才能保证累加第一个整数后得到正确结果。第 1 行将 total 初始化为 0。第 2、3 行是 for 语句。range(1, 101) 生成整数序列：1，2，3，…，99，100，for 语句将循环 100 次，每次循环从序列中取出一个整数赋值给变量 i。第 3 行将变量 i 中的值累加到变量 total 中。

【例 3.10】编写程序，从键盘输入一个正整数 n，判断它是否是素数（prime）。如果一个正整数只能被 1 和它本身整除，则这个正整数就是素数。1 不是素数，2 是素数。

根据素数的定义，对于给定的正整数 n，n 是素数的条件是不能被 2，3，…，n–1 整除。当 n 很大时，计算量也很大，效率很低。实际上，任何大于 n/2 的值不可能被 n 整除，因此 n 是素数的条件可以简化为不能被 2，3，…，n/2 整除。进一步可以证明 n 是素数的条件是不能被 2，3，…，$\sqrt{n}$ 整除。

```
1   n = eval(input("输入一个正整数: "))
2   is_prime = True
3   if n <= 1:
4       is_prime = False
5   elif n == 2:
6       is_prime = True
7   elif n % 2 == 0:
8       is_prime = False
9   else:
10      limit = int(n ** 0.5 + 1)
11      for i in range(3, limit, 2):
12          if n % i == 0:
13              is_prime = False
14              break
15  print("素数" if is_prime else "非素数")
```

【运行示例】
输入一个正整数: 2
素数
输入一个正整数: 100
非素数

变量 is_prime 的初始值为 True。最终，如果 is_prime 的值为 True，表示 n 为素数；如果 is_prime 的值为 False，表示 n 为非素数。

1 不是素数，第 4 行置 is_prime 为 False；2 是素数，第 6 行置 is_prime 为 True；能够被 2 整除的整数也不是素数，第 8 行置 is_prime 为 False。

第 10 行求 n 的平方根。平方根是浮点数，浮点数是近似的。例如，25 的平方根有可能比 5 小一点，则程序永远不会检查 n 是否能整除 5。这样，25 就被错误地认为是素数。为了避免这个问题，可以多检查一个可能的约数。因此，第 10 行是多加 1 再取整。

第 11～14 行是 for 语句。如果 n 能被 i 整除，则第 12 行中，if 语句条件为"真"，第 13 行置 is_prime 为 False，执行第 14 行 break 语句，结束 for 循环。如果在整个循环过程中，n 不能被 i 整除，则循环正常结束，is_prime 的值为 True。

break 语句用于某种情况发生时提前结束循环。循环中的 break 总是需要和 if 语句配合使用。

第 15 行中，条件表达式中 is_prime 为"真"，输出"素数"，否则输出"非素数"。

【例 3.11】编写程序，要求用户从键盘输入若干整数，输出它们的和。

因为不知道输入的整数数量，所以无法事先确定循环次数。较好的解决办法是引入一个用来结束循环的特殊标志，在循环执行过程中，遇到该标志，循环就结束了。

在 for 语句中，可以使用 iter 函数来解决这个问题。iter(object[, sentinel])，object 是一个可调用对象（如函数），这里就是 input 函数（仅函数名字就可以，无须圆括号），sentinel 是一个结束标志（这里是空字符串"）），重复调用 object，直至遇到 sentinel 结束，返回一个可迭代对象（包含输入的值）。

```
1    print("请输入若干整数")
2    total = 0
3    sentinel = ''
4    for i in iter(input, sentinel):
5        total += eval(i)
6    print(total)
```

【运行示例】

请输入若干整数

1✓

2✓

3✓

✓   # 这里直接回车，表示输入空字符串

6

请输入若干整数

0✓

✓

0

for 语句有一个可选的 else 语句。当循环正常结束后，会执行 else 语句。

例如：

```
for i in range(1, 6):
    print(i)
else:
    print("循环结束")
```

输出：

1

2

3

4

5

循环结束

如果循环次数是已知的，一般用 for 循环；循环次数难以确定的，一般用 while 循环。

3.10 pass、break 和 continue 语句

pass 语句其实是空语句，不做任何事情，只起占位的作用。

例如：

```
for i in range(10):
```

```
        pass
```
break 语句用于某种情况发生时提前结束循环，需要和 if 语句配合使用。

【例 3.12】编写程序，将 1～20 的整数依次相加，直到和大于或等于 100。

```
1    total = 0
2    for i in range(1, 21):
3        total += i
4        if total >= 100:
5            break
6    print(total)
```

【运行示例】

105

第 2～5 行是 for 语句。正常情况下，执行 20 次循环，最后输出结果为 210。但在第 14 次循环时，累加和 total 的值大于 100 了，第 4 行 if 语句条件判断结果为"真"，就执行第 5 行 break 语句，跳出当前循环体，提前结束循环。

continue 语句使程序执行流程跳过当次循环，继续下一次循环。continue 语句一般也需要和 if 语句配合使用。

【例 3.13】编写程序，将 1～20 中除了 10 和 11 以外的整数依次相加。

```
1    total = 0
2    for i in range(1, 21):
3        if i ==10 or i == 11:
4            continue
5        total += i
6    print(total)
```

【运行示例】

189

第 2～5 行是 for 语句。正常情况下，执行 20 次循环，最后输出结果为 210。但在第 10 次循环时，i 的值为 10，第 3 行 if 语句条件判断结果为"真"，就执行第 4 行 continue 语句，跳过本次循环，即 i 的值 10 不会累加到 total 中，继续下一次循环。同理，第 11 次循环时，i 的值 11 也不会累加到 total 中。

continue 语句和 break 语句的区别是：continue 语句只结束本次循环的执行，继续下一次，而不是终止整个循环；而 break 语句则是终止整个循环的执行。

3.11　嵌套循环

一个循环语句的循环体中包含另一个循环语句时，就称为嵌套循环，也称多重循环。

嵌套循环由一个外层循环和一个或多个内层循环组成。外层循环每循环一次都会重新进入内层循环，并重新开始执行内层循环。

【例 3.14】编写程序，根据读入的字符值以及三角形的高，输出以该字符为填充字符的等腰三角形。例如，填充字符为 A、高度 5 的等腰三角形如下：

```
    A
   AAA
```

```
       AAAAA
      AAAAAAA
     AAAAAAAAA
```

第一行：1 个字符，该字符左右各 4 个空格，共 8 个空格；第二行：3 个字符，这 3 个字符左右各 3 个空格，共 6 个空格；第三行：5 个字符，这 5 个字符左右各 2 个空格，共 4 个空格；第四行：7 个字符，这 7 个字符左右各 1 个空格，共 2 个空格；第五行：9 个字符，无空格。如果行号为 i，则很容易看出字符数与行号的关系为 $2i-1$，空格数与行号的关系为 $10-2i$。即每行先输出 $5-i$ 个空格，再输出 $2i-1$ 个字符。而 5 正好是三角形的高度。

可以使用两重循环。假设用变量 i 表示行号，变量 n 表示三角形高度。第一重循环以行号 i 为循环变量，从 1 到 n 依次变化。第二重循环是针对三角形的第 i 行，先输出 n-i 个空格、再输出 2i-1 个字符。

```
1    ch = input("输入三角形填充字符: ")
2    n = eval(input("输入三角形高度: "))
3    for i in range(1, n + 1):
4        for j in range(1, n - i + 1):
5            print(' ', end='')
6        for k in range(1, 2 * i - 1 + 1):
7            print(ch, end='')
8        print()
```

【运行示例】

输入三角形填充字符: B↙

输入三角形高度: 3↙

```
  B
 BBB
BBBBB
```

第 3～8 行是外层 for 循环。其循环体主要由两部分组成：第 4、5 行内层 for 循环，对于外层循环变量的每一个取值，输出相应的空格数；第 6、7 行也是内层 for 循环，输出相应的字符数。第 8 行输出完一行后换行。

【例 3.15】百鸡问题。100 元买 100 只鸡，其中公鸡 5 元 1 只、母鸡 3 元 1 只、小鸡 1 元 3 只，要求每种鸡都必须有，则公鸡、母鸡和小鸡应各买几只。编写程序，输出所有的购买方案。

穷举法的基本思想是不重复、不遗漏地列举所有可能情况，从中寻找满足条件的结果。适合用穷举法来解决的问题应具有两个特点：有明显的穷举范围且穷举的数目应该是有限的；可以按某种规则列举穷举对象。一般采用循环来解决穷举对象的列举。

本题是一个组合问题，三个因素决定组合的数量（多少种购买方案）：公鸡、母鸡和小鸡的数量。考虑公鸡、母鸡和小鸡数量的取值范围。三种鸡都必须有，购买公鸡的钱最多为 100-3-1=96（元），取 5 的倍数，得 95 元，所以公鸡数量的取值范围为 1～19 只；同理，母鸡数量的取值范围为 1～31 只。购买小鸡的钱最多为 100-5-3=92（元），可以购买 276 只，但鸡的总数量为 100 只，小鸡数量应小于或等于 98 只，且小鸡数量为 3 的倍数，因此小鸡数量的取值范围为 3～96 只。对于每种鸡的取值都要反复地试，最后确定正好满足 100 元买 100 只鸡的组合。因此每种鸡都要按照各自的取值范围循环，可以采用三重循环。

假设 cock 表示公鸡，hen 表示母鸡，chick 表示小鸡，则得到如下条件：

```
cock + hen + chick == 100
cock * 5 + hen * 3 + chick / 3 == 100
chick % 3 == 0
```

程序要寻找同时满足上述条件的正整数解。

由于 cock+hen+chick==100，确定了 cock 和 hen 的值，也就确定了 chick 的值，可以省略第三重 chick 循环。

```
1    for cock in range(1, 20):
2        for hen in range(1, 32):
3            if cock * 5 + hen * 3 + (100 - cock - hen) // 3 != 100:
4                continue
5            if (100 - cock - hen) % 3 != 0:
6                continue
7            print("cock=%2d, hen=%2d, chick=%2d" % (cock, hen, 100 - cock - hen))
```

【运行示例】

```
cock= 4, hen=18, chick=78
cock= 8, hen=11, chick=81
cock=12, hen= 4, chick=84
```

while 循环或 for 循环都有一个可选的 else 语句。当循环正常结束后，会执行 else 语句。循环体中的 break 语句会跳过执行 else 语句。

例如：

```
for i in range(1, 6):
    if i == 3:
        break
    print(i)
else:
    print("循环结束")
```

输出：

```
1
2
```

思考与练习

1. 下列语句是否都正确？正确的，写出输出结果。

```
print(int(True))
print(int(False))
print(bool(8))
print(bool(0))
```

2. 怎样生成一个值为 0 或 1 的随机整数？

3. 写出下列程序的输出结果。

```
a = 3
b = 2
x = a if a > b else b
print(x)
```

4. 写出下列程序的输出结果。

```
a, b, c = 1, 2, 6
if a <= b or c < 0 or b < c:
    s = b + c
else:
    s = a + b + c
print(s)
```

5. 写出下列程序的输出结果。

```
m, n, x = 1, 0, 2
if not n:
    x -= 1
if m:
    x -= 2
if x:
    x -= 3
print(x)
```

6. 写出下列程序的输出结果。

```
a, b, c, d = 1, 3, 5, 4
if a < b:
    if c < d:
        x = 1
    else:
        if a < c:
            if b < d:
                x = 2
            else:
                x = 3
        else:
            x = 6
else:
    x = 7
print(x)
```

7. 写出下列程序的输出结果。

```
a, b = 10, 20
ok1, ok2 = 5, 0
if a < b:
    if b != 15:
        if not ok1:
            x = 1
        elif ok2:
            x = 10
        else:
            x = -1
print(x)
```

8. 写出下列程序的输出结果。

```
a, b, c = 1, 2, 3
while a < b < c:
    a, b = b, a
    c -= 1
print(a, b, c)
```

9. 写出下列程序的输出结果。

```
counter = 0
for i in range(10):
    for j in range(10):
        if i == j:
            continue
        counter += 1
print(counter)
```

10. 写出下列程序的输出结果。

```
x = 15
while 10 < x < 50:
    x += 1
    if x // 3:
        x += 1
        break
    else:
        continue
print(x)
```

编　程　题

1. 编写程序，从键盘输入一个整数，存放在 number 中，检查它是否能同时被 2 和 3 整除，是否被 2 或 3 整除，是否被 2 或 3 整除且只被其一整除。

【运行示例】

输入一个整数：4↙
4 能被 2 或 3 整除！
4 能被 2 或 3 整除且只被其一整除！
输入一个整数：18↙
18 能同时被 2 和 3 整除！
18 能被 2 或 3 整除！

2. 编写程序，键盘输入 x，求如下分段函数 y 的值（保留 2 位小数）。

$$y = \begin{cases} x^2 & x < 0 \\ \sqrt{x} & 0 \leqslant x < 9 \\ x - 6 & x \geqslant 9 \end{cases}$$

【运行示例】

输入 x：-3↙

分段函数的值：9.00
输入 x：2.5↙
分段函数的值：1.58
输入 x：15↙
分段函数的值：9.00

3. 编写程序，求一元二次方程 $ax^2+bx+c=0$ 的根（保留 2 位小数）。系数 a、b、c 为浮点数，其值在运行时由键盘输入。

【运行示例】
输入一元二次方程的系数 a，b，c：0，0，0↙
方程无穷解！
输入一元二次方程的系数 a，b，c：0，0，1↙
方程无解！
输入一元二次方程的系数 a，b，c：0，2，1↙
方程有一个根：x=-0.50
输入一元二次方程的系数 a，b，c：1，2，1↙
方程有两个相同实根：x1=x2=-1.00
输入一元二次方程的系数 a，b，c：2.1，8.9，3.5↙
方程有两个不同实根：x1=-0.44 x2=-3.80
输入一元二次方程的系数 a，b，c：2，2，1↙
方程有两个不同虚根：x1=-0.50+0.50i x2=-0.50-0.50i

4. 编写程序，从键盘输入学生的考试成绩（0～100），将学生的成绩划分等级并输出。学生的成绩可分为 5 个等级：90～100 为 A 级，80～89 为 B 级，70～79 为 C 级，60～69 为 D 级，0～59 为 E 级。

【运行示例】
输入学生的考试成绩：90↙
等级：A

5. 编写程序，输入一个正整数，存放在 n 中，计算 $1+\dfrac{1}{3}+\dfrac{1}{5}+\cdots$ 的前 n 项之和（保留 3 位小数）。

【运行示例】
输入 n：10↙
2.133

6. 编写程序，从键盘输入 a 和 n，求 $s_n=a+aa+aa+\cdots+\overbrace{aa\cdots a}^{n\uparrow a}$ 之值。例如，输入 2 和 5，输出 24690（2+22+222+2222+22222）。

【运行示例】
输入 a：2↙
输入 n：5↙
24690

7. 编写程序，计算并输出下式的值，计算到最后一项的值小于 0.000 001 时为止，结果保留 6 位小数。

$$s=1-\frac{1}{4}+\frac{1}{7}-\frac{1}{10}+\frac{1}{13}-\frac{1}{16}+\cdots$$

【运行示例】

0.835648

8. 编写程序，输入若干整数，判定读入的整数中有多少正整数、多少个负整数，并计算这些整数的总和和平均值。平均值结果保留 2 位小数。

【运行示例】

输入整数：-1 -2 -3 -4 -5 6 7 8 9✓
正整数的个数是 4
负整数的个数是 5
整数和为 15
整数的平均值为 1.67

9. 某工地需要搬运砖块，已知男人一人搬 3 块，女人一人搬 2 块，小孩两人搬 1 块。用 45 人正好搬 45 块砖，问有多少种搬法？

【运行示例】

men = 0, women = 15, child = 30
men = 3, women = 10, child = 32
men = 6, women = 5, child = 34
men = 9, women = 0, child = 36

10. 编写程序，根据读入的字符值及菱形的边长，输出以该字符为填充字符的菱形。

【运行示例】

输入菱形填充字符：A✓
输入菱形边长：2✓
　A
AAA
　A

第4章 函 数

"函数"这个术语来自数学，最早见于 1692 年德国教学家 Leibniz 的著作。一般来说，如果在某一变化过程中有两个变量 x 和 y，对于变量 x 在研究范围内的每一个确定的值，变量 y 都有唯一确定的值和它对应，那么变量 x 就称为自变量，而变量 y 则称为因变量，或变量 x 的函数，记为 y=f(x)，f 称为函数名。记号 f(x)则是由瑞士数学家 Euler 于 1724 年首次使用的。

在计算机领域，也继承了这种思维方式，把一段经常需要使用的代码片段封装起来，记为 y=f(x)，f 称为函数名，x 称为参数，y 称为返回值，在需要使用时可以直接调用，并且返回结果。

要注意的是，Python 语言的函数并不完全等同于数学函数。

函数是为了完成某项任务而组合在一起的相关语句的集合，并被指定了一个名字。

在 Python 语言中，函数分为内置函数、标准库函数、第三方库函数和自定义函数。这里主要介绍自定义函数。

4.1 函数的定义和调用

例 3.1 从键盘输入圆的半径，计算并输出圆面积。

若经常需要求圆面积，这样程序中可能有重复出现的相同或相似的代码片段。可以考虑从中抽取出共同的东西，定义为函数。

Python 语言标准库中没有"求圆面积"函数。实际上，任何标准库都不可能提供可能需要的所有函数，无法保证程序里需要的东西都能在标准库里找到。

Python 语言提供的解决方法是允许自定义所需的函数，这将使函数一次定义、多次使用。缩短了程序，提高了程序的可读性和易维护性。

自定义函数的语法如下：

```
def 函数名(形式参数表)：
    函数体
```

函数包括函数头和函数体。

函数头以关键字 def 开始，紧接着函数名、形式参数表并以冒号结束。

函数头中的形式参数表是可选的，函数可以没有参数。

函数可以有返回值，也可以没有返回值。

函数体是语句集合，用于描述函数所要执行的操作。语句必须相对于 def 向右缩进（建议向右缩进 4 个空格）；若为多条语句，必须向右缩进相同的空格。

通过缩进，Python 能够识别出函数体是隶属于 def 的。

【例 4.1】编写程序，从键盘输入圆的半径，计算并输出圆面积。

```
1   def compute_area(r):
2       '''
3       参数 r 为圆半径
4       返回参数 r 对应的圆面积
5       '''
6       PI = 3.14159
7       area = 0.0
8       if r > 0:
9           area = PI * r ** 2
10      return area
11  def main():
12      r = eval(input("请输入圆半径: "))
13      area = compute_area(r)
14      print("半径为", r, "的圆面积是", area)
15  main()
```

【运行示例】

请输入圆半径: 2.5↙
半径为 2.5 的圆面积是 19.6349375
请输入圆半径: -2.5↙
半径为 -2.5 的圆面积是 0.0

第 1～10 行是 compute_area 函数。函数名 compute_area 后面圆括号中的标识符 r 是函数的形式参数。函数的形式参数本质上是变量，其值在调用该函数时才提供。函数体开头用 ''' 包围的字符串被称为函数文档字符串，用于描述函数的参数、返回值和功能等。函数如果有返回值，则函数体中至少要有一个 return 语句。使用 return 语句来返回值。

为了使用函数，必须调用函数。

若函数带有参数，调用函数时，需要将值传递给形参，这个值被称为实际参数或实参。

若函数带有返回值，函数调用通常当作值来处理，返回值可以存放在变量中，还可以用于输出等其他用途。

```
area = compute_area(10)      # 10 为实参, 返回值赋值给变量 area
print(compute_area(10))      # 10 为实参, 返回值传递给 print 函数输出
```

带有返回值的函数也可以当作语句来处理，这种情况下，函数返回值被舍弃了。

```
compute_area(10)             # 10 为实参, 返回值被舍弃了
```

第 15 行调用 main 函数。在 main 函数中，第 13 行调用 compute_area 函数，将键盘上输入的圆半径 r 作为实参传递给 compute_area 函数的形参 r。在 compute_area 函数中，根据 r 值计算圆面积 area，如果 r 值为负或为 0，则圆面积 area 为 0。最后将圆面积 area 作为结果值返回给 main 函数中的变量 area。

compute_area 函数中声明了形参 r 和变量 area，main 函数中也声明了变量 r 和 area，尽管同名，但它们是不同的变量，有各自的存储单元，具有不同的作用域，不会相互干扰。

如图 4.1 所示，当调用一个函数时，程序控制权就会转移到被调用的函数上。当被调用函数

执行结束，被调用函数就会将程序控制权交还给调用者。

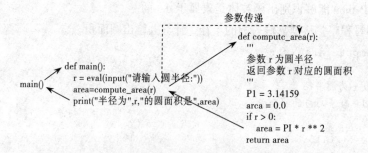

图 4.1 compute_area 函数的调用过程

这里 main 函数定义在 compute_area 函数之后。在 Python 中，函数可以定义在源程序文件的任意位置。因此，也可以在 compute_area 函数之前定义 main 函数。

【例 4.2】编写程序，根据读入的字符值以及三角形的高，输出以该字符为填充字符的等腰三角形。

```
1   def triangle(ch, height):
2       '''
3       参数 ch 为填充字符
4       参数 height 为三角形高度
5       无返回值
6       输出等腰三角形
7       '''
8       for i in range(1, height + 1):
9           for j in range(1, height - i + 1):
10              print(" ", end='')
11          for k in range(1, 2 * i - 1 + 1):
12              print(ch, end='')
13          print()
14  def main():
15      ch = input("输入三角形填充字符: ")
16      height = eval(input("输入三角形高度: "))
17      triangle(ch, height)
18  main()
```

【运行示例】

输入三角形填充字符：B✓

输入三角形高度：2✓

```
 B
BBB
```

第 1～13 行是 triangle 函数，用于输出一个等腰三角形。该函数没有返回值，也没有 return 语句。在执行完最后一条语句后会自动运行结束并返回 main 函数。

如果函数没有返回值，函数调用通常当作语句来处理。

```
triangle('A', 5)          # 'A'和 5 为实参，函数没有返回值
```

第 17 行调用 triangle 函数。

在 triangle 函数中声明了形式参数 ch 和 height，在 main 函数中也声明了变量 ch 和 height，尽管同名，但它们是不同的变量，占用不同的存储单元，具有不同的作用范围，不会相互干扰。

实际上，所有 Python 函数都将返回一个值。若某个函数没有 return 语句，默认情况下，它将返回 None。

例如：

```
def add(x, y):
    total = x + y
print(add(1, 2))
```

输出：

```
None
```

Python 的 return 语句可以返回多个值。但其本质上还是返回单个值，只是利用了元组的自动包裹功能，将多个值包裹成单个元组返回。

例如：

```
def calculate(x, y):
    return x + y, x - y, x * y, x / y
print(calculate(1, 2))
t1, t2, t3, t4 = calculate(3, 4)
print(t1, t2, t3, t4)
```

输出：

```
(3, -1, 2, 0.5)
7 -1 12 0.75
```

在语法上，返回一个元组可以省略圆括号。输出结果显示确实返回的是一个元组。

还可以利用元组的自动解包裹功能，将 return 语句中元组的元素值按位置赋给对应的多个变量（t1、t2、t3 和 t4）。

注意：函数体允许为空，通常放置 pass 语句，该函数不做任何工作，只起占位作用。

```
def dummy():
    pass
```

如果函数没有参数，调用函数时圆括号不能省略。

```
dummy()
```

【例 4.3】编写程序，从键盘输入某年的年份，若是闰年，则在屏幕上显示"闰年"；否则在屏幕上显示"平年"。

```
1  def is_leap_year(y):
2      return (y % 4 == 0 and y % 100 != 0) or (y % 400 == 0)
3  def main():
4      y = eval(input("输入某年的年份: "))
5      print("闰年" if is_leap_year(y) else "平年")
6  main()
```

【运行示例】

```
输入某年的年份: 1996✓
闰年
输入某年的年份: 2010✓
```

平年。

第 1、2 行是 is_leap_year 函数，用于判断闰年，其返回值为 True，说明是闰年，其值为 False，说明是平年。is_leap_year 函数称为谓词函数，其返回值为布尔值。习惯上，谓词函数名以 is 开头。第 5 行调用 is_leap_year 函数。谓词函数通常要和 if 语句配合使用。

4.2　函数的设计规则

函数是 Python 程序的基本组成单位，就像人体中的细胞一样，其重要性不言而喻。函数设计的好坏，是编写高质量 Python 程序的关键要素之一。

从函数使用者的角度看函数，关心的是如何使用函数，并不关心函数内部是如何实现的。只需知道函数实现了什么功能；函数名是什么，函数有几个参数；函数返回什么值。调用函数时遵从这些规定，提供相应的实际参数，正确接收返回值，就能得到预期的结果。例如，对于标准库函数，不知道它们内部是如何实现的，但这并不妨碍在程序中使用它们。

从函数定义者的角度看函数，关心的是如何实现函数的功能。调用函数时外部将提供哪些参数，如何用这些参数完成所需功能，得到所需结果；函数应在什么情况下结束，如何产生返回值等。

函数头构成了函数内部和外部之间的联系界面，函数外部和内部通过这个界面交换信息，达到函数定义和使用之间的沟通。

4.2.1　函数头的设计规则

函数头，也称函数接口，它是函数跟外界打交道的通道。一个函数是否好用，往往由其接口设计的好坏决定。在设计函数时，不仅要正确实现函数的功能，还要让函数接口清晰明了，有较高的可读性。这样通过函数接口就可以了解函数的功能，需要什么样的输入数据，以及能够返回什么样的结果，从而正确使用这个函数。

（1）函数是封装起来并命名的一段程序代码，实现了某种功能。功能表现为动作和相应的作用对象。给函数命名时，最好使用动词+名词的形式。例如，计算圆面积的 compute_area 函数，compute 是动词，表示动作，而 area 是名词，表示相应的作用对象。

（2）明确写出函数每个参数的名字，参数名要完整清晰表达参数的含义。

```
def set_value(width, height):        # 参数含义明确
def set_value(a, b):                 # 参数含义不明确
```

（3）参数的顺序要合理，遵循业界的普遍规则，不要标新立异。

```
def set_rect(left, top, right, bottom): # 规范的参数顺序
def set_rect(right, bottom, top, left): # 混乱的参数顺序
```

（4）函数参数个数不宜过多，应该尽量控制在 5 个以内。如果参数太多，在使用时容易将参数顺序搞错，同时也说明函数设计可能存在问题。

4.2.2　函数体的设计规则

不同功能的函数其内部实现各不相同。但还是有一些普遍适用的规则，从而可以设计出好的函数体。

（1）函数体开头为函数文档字符串，用于描述函数的参数、返回值和功能。

（2）函数的功能要单一，即一个函数只完成一件事情。不要设计多用途的函数。如果一个函数需要完成多个任务，则拆分成多个函数分别完成。

（3）函数体的规模要小，尽量控制在 100 行代码以内。如果函数体的规模偏大，有可能违反了"函数的功能要单一"的规则，函数实现了过多的功能，需要拆分成多个函数以便瘦身。

（4）在函数体的"入口处"，对参数的有效性进行检查。很多程序错误是由非法参数引起的。通过对参数的有效性检查，很大程度上可以提高函数的健壮性。例如，设置年龄的函数，其参数不可能为负数，则可以在这个函数的"入口处"，采用 if 语句对年龄参数进行有效性检查。

（5）在函数体的"出口处"，谨慎处理函数返回值。如果函数有返回值，肯定有 return 语句。如果 return 语句写得不好，函数要么出错，要么效率低下。

4.3　函数的参数

4.3.1　位置参数和关键字参数

调用有参函数时，实参将传递给形参。

实参有两种类型：位置参数和关键字参数。

（1）位置参数：在调用函数时，要求实参按形参在函数头中的定义顺序（即位置）进行传递。实参默认采用位置参数的形式传递给函数。

例如：

```
def print_message(msg, n):
    for i in range(n):
        print(msg)
print_message("Hello", 3)
```

输出：

```
Hello
Hello
Hello
```

print_message("Hello", 3)将"Hello"传递给 msg，将 3 传递给 n，输出"Hello" 3 次。

粗心的程序员往往会搞混位置参数的顺序，以至于调用函数出错。

print_message(3, "Hello")将 3 传递给 msg，将"Hello"传递给 n，这时函数体中 range(n)会导致 TypeError 异常。

使用关键字参数可以有效避免这个问题。

（2）关键字参数：使用"形参名=值"的形式传递参数。使用关键字参数，参数意义明确，传递的参数与顺序无关。

例如：

```
print_message(msg="Hello", n=3)
print_message(n=3, msg="Hello")
```

都能正确输出"Hello" 3 次。

位置参数和关键字参数可以混合使用，但在调用函数时所有的位置参数一定要出现在关键字参数之前。

假设函数头是：

```
def foo(x, y, z)
```

则如下调用是正确的：

```
foo(10, y = 20, z = 30)
```

如下调用是错误的：

```
foo(10, y = 20, 30)
```

位置参数 30 出现在关键字参数 y=20 之后。

4.3.2　默认参数

在 Python 中，可以在函数定义时为一个或多个形参提供明确的初始值。这种形参被称为默认参数，其初始值被称为默认值。如果函数调用时未给出实参，默认值将作为实参传递给函数。

【例 4.4】编写程序，根据矩形的宽度和高度，计算并输出矩形面积。

```
1   def print_area(width=1, height=2):
2       area = width * height
3       print("width:", width, "\theight:", height, "\tarea:", area)
4   def main():
5       print_area()
6       print_area(4.2, 2.5)
7       print_area(height=8, width=5)
8       print_area(width=2.4)
9       print_area(height=3.8)
10  main()
```

【运行示例】

```
width: 1       height: 2       area: 2
width: 4.2     height: 2.5     area: 10.5
width: 5       height: 8       area: 40
width: 2.4     height: 2       area: 4.8
width: 1       height: 3.8     area: 3.8
```

第 1~3 行是 print_area 函数，其形参为 width 和 height，width 的默认值为 1，height 的默认值为 2。

第 5 行在没有传递实参的情况下调用函数，将默认值 1 传递给形参 width，将默认值 2 传递给形参 height。

第 6 行以位置参数的形式，将实参 4.2 和 2.5 分别传递给形参 width 和 height，此时默认值 1 被 4.2 取代，默认值 2 被 2.5 取代。

第 7 行以关键字参数的形式，将实参 5 和 8 分别传递给形参 width 和 height，此时默认值 1 被 5 取代，默认值 2 被 8 取代。

第 8 行以关键字参数的形式，将实参 2.4 传递给形参 width，将默认值 2 传递给形参 height，此时默认值 1 被 2.4 取代。

第 9 行以关键字参数的形式，将实参 3.8 传递给形参 height，将默认值 1 传递给形参 width，此时默认值 2 被 3.8 取代。

如果函数形参中，有的有默认值，有的没有默认值，那么所有没有默认值的参数应该放在参数列表的左边，而有默认值的参数应该放在参数列表的右边，即如果一个函数形参指定了默认值，那么位于它右侧的所有形参都必须指定默认值。

```
def f1(x, y=0, z):          # 错误
def f2(x=0, y=0, z):        # 错误
def f3(x, y=0, z=0):        # 正确
def f4(x=0, y=0, z=0):      # 正确
```

当调用一个带默认值的函数时，如果一个实参未给出，则在它之后的所有实参也不能给出。

```
f3(1, , 20)      # 错误
f4(, , 20)       # 错误
f3(1)            # 正确
f4(1, 2)         # 正确
```

4.3.3 参数传递

在 Python 中，所有数据都是对象，变量通常都是指向对象的引用。

当调用一个带参数的函数时，每个实参的引用值就被传递给形参。实际上，这种方式相当于值传递和引用传递的一种综合。

如果实参是数字或字符串或布尔值或元组，那么不管函数中的形参有没有变化，实参都是不受影响的。因为数字、字符串、布尔值和元组是不可变对象，不可变对象的内容是不能被更改的，相当于通过"值传递"来传递对象。

【例 4.5】不可变对象作为函数参数。

```
1   def main():
2       x = 1
3       print("调用 increase 函数前, x 是", x)
4       increase (x)
5       print("调用 increase 函数后, x 是", x)
6   def increase (n):
7       n += 1
8       print("在 increase 函数内部, n 是", n)
9   main()
```

【运行示例】

调用 increase 函数前, x 是 1
在 increase 函数内部, n 是 2
调用 increase 函数后, x 是 1

第 3 行和第 5 行的输出结果显示调用 increase 函数前后 x 的值没有任何变化。

在 increase 函数中，第 7 行改变了形参 n 的值，但对实参 x 没有任何影响。

在函数体内，修改变量（例如 n）的值（将新值赋值给变量）时，实际上是为新值创建了新对象，然后将新对象的引用赋值给变量。

如果实参是列表或字典，那么函数中形参值的变化也带来实参值的变化。因为列表、字典是可变对象，相当于通过"引用传递"来传递对象。

【例 4.6】可变对象作为函数参数。

```
1   def main():
```

```
2       x = [1, 2, 3]
3       print("x[0]是", x[0])
4       modify(x);
5       print("x[0]是", x[0])
6   def modify(n):
7       n[0] = 111
8   main()
```

【运行示例】

```
x[0]是 1
x[0]是 111
```

第 3 行和第 5 行的输出结果显示调用 modify 函数前后 x 的值发生了变化。

调用 modify 函数时，x 的引用值被传递给了 n。由于 x 包含了指向列表的引用值，所以 n 也包含了指向同一列表的相同引用值。即 x 和 n 指向同一个列表。

在 modify 函数中，第 7 行改变了形参 n 的值，也就改变了实参 x 的值。

4.3.4   包裹传递参数和解包裹

包裹传递参数也称可变长参数。

有时在定义函数时，预先并不知道函数需要接收多少个参数，在运行时才能知道。这时候，使用可变长参数就会非常有用。

可变长参数也有位置参数和关键字参数两种形式。

【例 4.7】可变长位置参数。

```
1   def print_max(*n):
2       if len(n) == 0:    # 空元组
3           print("没有参数传递")
4           return
5       result = n[0]
6       for i in range(1, len(n)):
7           if n[i] > result:
8               result = n[i]
9       print("最大值是" + str(result))
10  print_max(34, 3, 3, 2, 56.5)
11  values = (1, 2, 3)
12  print_max(*values)
13  print_max()
```

【运行示例】

```
最大值是 56.5
最大值是 3
没有参数传递
```

第 1 行，形参名*n 表示可变长位置参数，允许向函数传递可变数量的实参。*n 中的*让 Python 创建一个名为 n 的空元组，并将所有的实参按先后顺序收集到这个元组中（包裹参数），在函数体内部对这个元组进行处理。

第 12 行，调用可变长位置参数的函数时也可以传递一个元组，但必须在元组名 values 前加上*。

【例 4.8】可变长关键字参数。

```
1   def print_args(**args):
2       print(args)
3   print_args(a = 1, b = 2, c = 3)
4   dicts = {'1':"one", '2':"two", '3':"three"}
5   print_args(**dicts)
```

【运行示例】

```
{'a': 1, 'b': 2, 'c': 3}
{'1': 'one', '2': 'two', '3': 'three'}
```

第 1 行，形参名**args 表示可变长关键字参数，允许向函数传递可变数量的实参。**args 中的**让 Python 创建一个名为 args 的空字典，并将所有的实参收集到这个字典中（包裹参数），每个关键字形式的实参，都会成为字典的一个元素，参数名成为元素的键，数据成为元素的值，在函数体内部对这个字典进行处理。

第 5 行，调用可变长关键字参数的函数时也可以传递一个字典，但必须在字典名 dicts 前加上**。

可变长参数可以和其他类型的参数混合使用。

定义函数时，各种类型参数出现的先后顺序是：位置参数、关键字参数、可变长位置参数、可变长关键字参数。

【例 4.9】可变长位置参数和可变长关键字参数混合使用。

```
1   def mix(*positions, **keywords):
2       print(positions)
3       print(keywords)
4
5   mix(1, 2, 3, a=7, b=8, c=9)
```

【运行示例】

```
(1, 2, 3)
{'a': 7, 'b': 8, 'c': 9}
```

*和**除了用于定义函数的可变长参数外，还可用于函数调用，此时*和**起到解包裹的作用。

【例 4.10】函数调用时实参解包裹。

```
1   def print_args(a, b, c):
2       print(a, b, c)
3   args = (1, 2, 3)
4   print_args(*args)
5   args = {'a':"one", 'b':"two", 'c':"three"}
6   print_args(**args)
```

【运行示例】

```
1 2 3
one two three
```

print_args 函数有 3 个位置参数。

第 4 行调用函数时传递的是一个元组。一个元组是无法和 3 个参数对应的。通过在元组名 args 前加上*，把元组拆成 3 个元素，每个元素对应函数的一个位置参数，元组的 3 个元素分别赋予了

3 个位置参数。

同样，第 6 行调用函数时传递的是一个字典。在传递字典 args 时，通过在字典名 args 前加上 **，把字典拆成 3 个键/值对，每个键/值对作为一个关键字参数（键对应参数名，值对应参数值）传递给函数，字典的 3 个键/值对分别赋予了 3 个关键字参数。

4.4　变量的作用域

每个变量都有一个确定的作用范围，这个范围称为该变量的作用域。

变量的作用域由变量的位置确定。在变量的作用域范围内可以使用这个变量完成与之相关的事情。

按照作用域的不同，变量可分为局部变量（也称内部变量）和全局变量（也称外部变量）。

（1）在函数内部定义的变量称为局部变量。局部变量只能在函数内部使用，在函数外部是无法访问局部变量的。函数调用结束局部变量将不存在。函数形式参数拥有和局部变量一样的性质。

例如：

```
def main():
    x = 1    # 局部变量
    print("main 函数中, x 是", x)
    foo()
    print("main 函数中, x 是", x)
def foo():
    x = 2    # 局部变量
    print("foo 函数中, x 是", x)
main()
```

输出：

```
main 函数中, x 是 1
foo 函数中, x 是 2
main 函数中, x 是 1
```

main 函数中的变量 x 和 foo 函数中的变量 x 是不同的变量，有不同的作用域，互不干扰。Python 在处理时，将它们的名字变成类似 main_x 和 foo_x 这样的名字。

例如：

```
def main():
    x = 2        # 局部变量
    foo()
def foo():
    print(x)     # x 未定义
main()
```

输出：

```
NameError: name 'x' is not defined
```

main 函数中定义的变量 x 在 foo 函数中无法访问，因此 foo 函数中的 x 是未定义变量，产生 NameError 异常。

（2）在函数外部声明的变量称为全局变量。在程序执行的全过程中均有效。在函数的内部可以访问全局变量。

例如：

```
x = 1              # 全局变量 x
def foo():
    x = 8          # 局部变量 x
    print(x)       # 使用局部变量 x，输出 8
foo()
print(x)           # 使用全局变量 x，输出 1
```

输出：

```
8
1
```

如果在一个函数内定义的局部变量与全局变量重名，则重名的局部变量是新生成的局部变量，在函数中局部变量优先，即函数中使用的是新生成的局部变量，而不是全局变量。

要避免上述问题，可以使用 global 语句。

例如：

```
x = 1              # 全局变量 x
def foo():
    global x       # 全局变量 x
    x = 8          # 修改全局变量 x 的值
    print(x)       # 输出 8
foo()
print(x)           # 输出 8
```

输出：

```
8
8
```

在函数中，要为定义在函数外的全局变量赋值，必须使用 global 语句限定该变量是全局变量。

全局变量可以在函数中使用，看上去挺有吸引力，实际上是一种不好的编程习惯。尤其在函数中修改全局变量的值，可能会导致隐蔽的错误。应尽量避免使用全局变量。

此外，在 for 语句中定义的循环变量，循环结束后，仍然有效。

例如：

```
total = 0
for i in range(5):
    total += i
print(i)
```

输出：

```
4
```

循环结束后，循环变量 i 的值是 4，输出 4。

4.5 lambda 表达式

除了使用 def 关键字定义函数外，还可以使用 lambda 关键字定义匿名函数。这种形式的匿名函数也称 lambda 表达式。

　　lambda 表达式适用于定义简短的、能够在一行内表示的函数。

　　lambda 表达式语法如下：

```
lambda 参数1, 参数2, … : 表达式
```

其中表达式就是要返回的值。

　　例如：

```
add = lambda x, y : x + y
print(add(1, 2))
```

　　输出：

```
3
```

　　lambda 表达式实际上返回一个匿名函数对象，将这个匿名函数对象赋予函数名 add，参数为 x、y，返回值为 x+y。调用函数 add 与调用普通函数一样。

　　map 函数是 Python 提供的内置函数。map 函数的语法如下：

```
map(function, iterable, …)
```

　　map 函数的第一个参数是一个函数，第二个参数是一个可迭代对象（如列表）。函数 function 对可迭代对象 iterable 中的每个元素进行处理。返回所有处理后的元素构成的新可迭代对象。

　　例如：

```
lst = [10, 20, 30]
result = map(lambda x : x ** 2, lst)
print(list(result))
```

　　输出：

```
[100, 400, 900]
```

　　lambda 表达式有一个参数 x，将列表 lst 中的每一个元素作为实参传递给 x，直到列表 lst 中的每个元素都处理完毕，返回所有处理后的元素构成的新可迭代对象。list 函数将返回的新可迭代对象转换为列表。

　　若 map 函数的第一个参数函数 function 需要多个参数，则也需要相对应的多个可迭代对象 iterable。

　　例如：

```
a = [1, 2, 5, 7]
b = [2, 6, 4, 8]
result = map(lambda x, y : x ** 2 + y ** 2, a, b)
for x in result:
    print(x)
```

　　输出：

```
5
40
41
113
```

　　lambda 表达式有两个参数 x 和 y，将列表 a 中的每一个元素作为实参传递给 x，列表 b 中的每一个元素作为实参传递给 y，直到列表 a 和 b 中的每个元素都处理完毕，返回所有处理后的元素构成的新可迭代对象。注意：列表 a 和 b 具有相同的大小，如果不满足这个条件，Python 会自动将较小的那个列表补足空值。for 语句将返回的新可迭代对象中的每个元素输出。

filter 函数也是 Python 提供的内置函数。filter 函数的语法如下：

```
filter(function, iterable)
```

filter 函数的第一个参数是一个函数或 None，第二个参数是一个可迭代对象（如列表）。函数 function 对可迭代对象 iterable 中的每个元素进行处理，把结果为 True 的元素筛选出来。返回所有结果为 True 的元素构成的新可迭代对象。

例如：

```
result = filter(lambda x : x % 2, range(10))
print(list(result))
```

输出：

```
[1, 3, 5, 7, 9]
```

从 range(10) 生成的 0、1、2、3、4、5、6、7、8、9 中筛选出奇数 1、3、5、7、9。

若函数 function 为 None，则直接将可迭代对象 iterable 中为 True 的元素筛选出来。

例如：

```
result = filter(None, [1, 0, False, True])
print(list(result))
```

输出：

```
[1, True]
```

reduce 函数位于 functools 模块中。要使用 reduce 函数，必须先导入 functools。

reduce 函数的语法如下：

```
reduce (function, iterable[, initializer])
```

reduce 函数的第一个参数是一个带有两个参数的函数，第二个参数是一个可迭代对象（如列表）。若给定了第三个参数，那么第一次调用 function 时，initializer 就作为第一个参数，可迭代对象的元素依次作为 function 的第二个参数；若没有给定第三个参数，那么第一次调用 function 时，可迭代对象的第一个元素就作为 function 的第一个参数，可迭代对象从第二个元素到最后的元素依次作为 function 的第二个参数，除第一次调用之外，function 的第一个参数就是前面调用 function 的返回值。

例如：

```
import functools
print(functools.reduce(lambda x, y : x + y, [1, 2, 3, 4, 5]))
```

输出：

```
15
```

因为没有给定 initializer 参数，所以第一次调用 x+y 时，x=1，即列表的第一个元素，y=2，即列表的第二个元素；之后返回的 1+2 的结果作为第二次调用 x+y 时的 x，即上一次的结果，y=3，即第三个元素，依此类推，直到求出 1+2+3+4+5 的结果。

4.6　函数式编程

Python 并不是函数式编程语言，只是加入了函数式编程的某些特征。

在函数式编程中，函数是"头等公民"，即函数能像普通变量一样使用。函数的使用变得更加自由。对于"一切皆对象"的 Python 来说，这是自然而然的结果。

将函数视为一个变量是函数式编程的重要概念。

例如：

```
def square(x):
    return x * x
s = square
print(s(5))
```

输出：

```
25
```

square 函数给定一个输入值，返回该输入值的平方值。将 square 函数赋值给变量 s，相当于为函数取了一个别名，可以使用这个别名 s 来调用 square 函数。

Python 允许函数嵌套定义，即在一个函数内部定义另一个函数，这种函数被称为内嵌函数或内部函数。

例如：

```
def sum_square(lst):
    def square(x):
        return x * x
    return sum(list(map(square, lst)))
print(sum_square([2, 4, 5]))
```

输出：

```
45
```

sum_square 函数给定一个序列，返回序列中每个元素平方值的和。square 函数定义在 sum_square 函数中，它是内部函数，其作用域就在 sum_square 函数内部。在 sum_square 函数外部试图调用内部函数 square 就会发生错误。

Python 支持高阶函数。所谓高阶函数就是指能够接收其他函数作为其参数的函数。前面使用过的 map 函数、filter 函数和 reduce 函数都是高阶函数。

【例 4.11】函数作为参数。

```
1  def square(x):
2      return x * x
3  def apply_func(func, x):
4      return map(func, x)
5  lst = [10, 20, 30]
6  result = apply_func(square, lst)
7  print(list(result))
```

【运行结果】

```
[100, 400, 900]
```

第 3、4 行定义 apply_func 函数，这是一个高阶函数，其第一个参数是函数，第二个参数是可迭代对象，函数体中使用 map 函数将给定的函数应用到可迭代对象的每一个元素。返回处理后的新可迭代对象。第 6 行调用 apply_func 函数，应用 square 函数对列表 lst 中的每一个元素求平方值，返回由平方值构成的新可迭代对象。第 7 行使用 list 函数将由平方值构成的新可迭代对象转换为列表并输出。

在 Python 中，函数的返回值可以是另一个函数。

【例 4.12】函数的返回值是另一个函数。

```
1   def cylinder_volume(r):
2       PI = 3.14159
3       def get_volume(h):
4           return PI * r ** 2 * h
5       return get_volume
6   radius = 10
7   # 返回 get_volume 函数，赋值给变量 volume
8   volume = cylinder_volume(radius)
9   height = 10
10  # 半径为 10, 高度为 10 的圆柱体体积
11  print(volume(height))     # 调用 get_volume 函数
12  height = 20
13  # 半径为 10, 高度为 20 的圆柱体体积
14  print(volume(height))     # 调用 get_volume 函数
```

【运行结果】

```
3141.59
6283.18
```

第 1～5 行定义 cylinder_volume 函数，给定半径，返回 get_volume 函数。

第 3、4 行定义 get_volume 函数，给定高度，返回圆柱体体积。get_volume 函数定义在 cylinder_volume 函数中。

第 8 行调用 cylinder_volume 函数，返回 get_volume 函数并赋值给变量 volume。第 11 行通过传递实参 10 给变量 volume 来调用 get_volume 函数并输出圆柱体体积。第 14 行通过传递实参 20 给变量 volume 来调用 get_volume 函数并输出圆柱体体积。

内部函数可以看作一个闭包（closure）。上面例子中的 get_volume 函数就是一个闭包。

闭包是一个可以由另一个函数动态生成的函数，并且可以访问函数外创建的变量的值。

例如：

```
def foo(x):
    def fun(y):
        return x * y
    return fun
f = foo(8)              # 返回 fun 函数，赋值给变量 f
print(f(5))             # 调用 fun 函数
print(foo(8)(5))        # 也可以这样写
```

输出：

```
40
40
```

通俗而言，如果在一个内部函数（如 fun）里对在外部作用域（不是全局作用域）的变量（如 x, 在外部作用域 foo 里）进行引用，那么内部函数（如 fun）就是一个闭包。

在内部函数中，只能对外部作用域中的变量进行访问，不能修改。

例如：

```
def foo():
    x = 5
```

```
    def fun():
        x *= x
        return x
    return fun
print(foo()())
```
输出：

`UnboundLocalError: local variable 'x' referenced before assignment`

内部函数 fun 中，x*=x，新建了局部变量 x，与外部函数 foo 中的局部变量 x 重名。在内部函数 fun 中，外部函数 foo 中的 x 被屏蔽了。因此，在执行 x*=x 的时候，找不到*=右边 x 的值，报错。

若要在内部函数中修改外部函数中的变量值，需要使用关键字 nonlocal。

例如：

```
def foo():
    x = 5
    def fun():
        nonlocal x
        x *= x
        return x
    return fun
print(foo()())
```
输出：

`25`

4.7 递　　归

4.7.1 递归的定义

在数学上，求 $n!$ 有两种表示方法。

第一种表示方法是：$n!=1\times2\times\cdots\times n$，其实质是累乘，反复地把 1，2，3，…，$n-1$，$n$ 累乘起来，体现了循环的思想，可以使用 for 语句来实现。

第二种表示方法利用了阶乘的重要性质，每个数的阶乘与比它小 1 的数的阶乘之间有如下关系：$n!=n\times(n-1)!$，将求 $n!$ 转换成求 $(n-1)!$，而 $(n-1)!$ 又可以转换成求 $(n-2)!$，$(n-1)!=(n-1)\times(n-2)!$……重复这个过程，直至 $0!=1$。$0!=1$ 称为基本情况。这个过程称为"递推"。当"递推"到基本情况时，就可以开始"回归"，通过 $0!$ 求出 $1!$，通过 $1!$ 求出 $2!$……通过 $(n-2)!$ 求出 $(n-1)!$，最后通过 $(n-1)!$ 求出 $n!$。这个过程称为"回归"。

如果某个问题的求解可以转换成规模更小的或者更趋向于求出解的同类子问题的求解，并且从子问题的解可以构造出原问题的解，那么这种求解问题的思想称为递归。递归由两个过程组成：递推和回归。每一步的递推把问题简化成形式相同、但较简单一些的情况，直至遇到基本情况。正确的递归必须是可终止的，递归至少要有一个基本情况，并且要确保递推过程最终会到达基本情况。

阶乘的递归定义如下：

$$n! = \begin{cases} n \times (n-1)! & n > 0 \\ 1 & n = 0 \end{cases}$$

如果 $n=0$，那么其阶乘是 1；当 $n>0$ 时，其阶乘等于 $n-1$ 的阶乘的 n 倍。在这个定义的右边用到被定义的东西（阶乘），这就是递归一词的含义。这种做法是否会造成不合理的循环定义呢？实际上不会。因为定义中对基本情况（$n=0$）直接给出了确定的值；而对一般情况，则是将一个数的阶乘归结到比它小 1 的数的阶乘定义。按照定义，任何大于 0 的整数 n 的阶乘由 $n-1$ 的阶乘定义，而 $n-1$ 的阶乘又由 $n-2$ 的阶乘定义……因此，n 的阶乘将最终归结到 0 的阶乘，而这已经明确给出了。任何正整数的阶乘都由这个定义确定了。

递归需要用递归函数来实现。

【例 4.13】编写程序，用递归求阶乘。

```
1   def factorial(n):
2       if n == 0:
3           return 1
4       else:
5           return n * factorial(n - 1)
6   def main():
7       n = eval(input("输入一个正整数: "))
8       print("%d!=%.0f\n" % (n, factorial(n)))
9   main()
```

【运行示例】

输入一个正整数：5✓
5!=120

第 1～5 行是 factorial 函数，用于求阶乘。第 8 行调用 factorial 函数。factorial 函数有个特点，它在执行过程中又调用了 factorial 函数。

在执行一个函数过程中，又直接或间接地调用了该函数本身，这种函数调用称为递归调用，包含递归调用的函数称为递归函数。factorial 函数就是递归函数，其调用过程如图 4.2 所示（假设 n 为 4）。

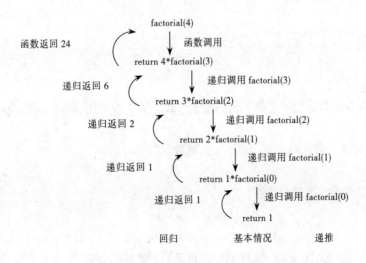

图 4.2 递归求 4! 的过程

factorial 函数共被调用 5 次，即 factorial (4)、factorial (3)、factorial (2)、factorial (1)、factorial (0)。其中 factorial (4)是 main 函数调用的，其余 4 次是在 factorial 函数中调用的，即递归调用 4 次。应当强调说明的是在某次调用 factorial 函数时，并不是立即得到 factorial(n)的值，而是一次又一次地进行递归调用，直到 factorial(0)时才有确定的值，直接返回 1。使得 factorial(1)的返回值为 1*factorial(0)，即 1；然后是 factorial(2)返回值为 2*factorial(1)，即 2；factorial(3)返回 6，最后 factorial(4)返回 24。

4.7.2　运用递归求解问题

一般来说，递归函数有如下特性。

（1）函数使用 if 语句处理各种不同情况。

（2）各种不同情况中至少包括一个基本情况，用于结束递归。

（3）每次递归调用都会对原问题进行递推，使其逐步逼近某个基本情况，直至遇到该基本情况为止。

【例 4.14】猴子吃桃问题。猴子第 1 天摘下若干桃子，当即吃了一半，还不过瘾，又多吃了一个。第 2 天早上又将剩下的桃子吃掉一半，又多吃了一个。以后每天早上都吃了前一天剩下的一半另加一个。到第 10 天早上想再吃时，就只剩下一个桃子了。问第 1 天共摘了多少个桃子。

从第 10 天仅剩一个桃子开始往前推算，第 9 天的桃子个数为(第 10 天的桃子个数+1)×2，第 8 天的桃子个数为(第 9 天的桃子个数+1)×2……第 1 天的桃子个数为(第 2 天的桃子个数+1)×2。假设第 n 天的桃子个数为 peach(n)，第 $n+1$ 天的桃子个数为 peach(n+1)，得到如下递归关系：

$$\text{peach}(n) = \begin{cases} (\text{peach}(n+1)+1)\times 2 & n < 10 \\ 1 & n = 10 \end{cases}$$

```
1  def peach(n):
2      if n == 10:
3          return 1
4      else:
5          return (peach(n + 1) + 1) * 2
6  def main():
7      print("第 1 天的桃子个数=%d" % (peach(1)))
8  main()
```

【运行结果】

第 1 天的桃子个数=1534

第 1～5 行是 peach 函数，用于求第 1 天的桃子个数。第 7 行调用 peach 函数。peach 函数是递归函数。

【例 4.15】编写程序，用递归求 x^n，其中 n 为整数。

【编程提示】

当 $n \geq 0$ 时，可以得到如下递归关系：

$$x^n = \begin{cases} x \times x^{n-1} & n > 0 \\ 1 & n = 0 \end{cases}$$

当 $n < 0$ 时，有 $x^n = 1/x^{-n}$，且 $-n > 0$，这样也可以利用上面的递归关系。

```
1   def power(x, n):
2       if n >= 0:
3           return powerHelper(x, n)
4       else:
5           return 1 / powerHelper(x, -n)
6   def powerHelper(x, n):
7       if n == 0:
8           return 1
9       else:
10          return x * powerHelper(x, n - 1)
11  def main():
12      x = eval(input("输入底数: "))
13      n = eval(input("输入指数: "))
14      print(str(x) + "的" + str(n) + "次幂: " + str(power(x, n)))
15  main()
```

【运行示例】

输入底数: 2↙

输入指数: 3↙

2 的 3 次幂: 8

输入底数: 2↙

输入指数: -3↙

2 的-3 次幂: 0.125

第 1～5 行是 power 函数，用于求 x 的 n 次幂。第 6～10 行是 powerHelper 函数。第 14 行调用 power 函数。powerHelper 函数是递归函数。

powerHelper 函数是为了实现 power 函数而定义的辅助函数，它是求 x 的 n 次幂的主要部分，而 power 函数只是根据不同情况确定如何使用 powerHelper 函数。在实际程序设计中，如果要实现的功能比较复杂，常常需要先定义好一个或一批辅助函数。确定辅助函数的功能并给出定义，对于写好递归程序常常是非常重要的。

4.7.3　递归和循环

任何用递归求解的问题，一般都同样能用循环来求解。那么，为什么还要使用递归呢？对于某些问题，使用递归能得到一个清晰、简洁的解决方案，而使用其他方法求解则会很困难。

使用递归还是循环，取决于要求解问题的本质。两种方法，哪种能设计出更自然地反映问题本质的直观解决方案，就用哪种方法。如果可以很直接地设计出循环方案，那么就用循环，通常比递归方案效率要高。如果在意程序的性能，那么应该尽量避免使用递归。

【例 4.16】编写程序，求斐波纳契（Fibonacci）数列的第 n 项的值。

斐波纳契数列：

数列：0　1　1　2　3　5　8　13　21　34　55　89　…

下标：0　1　2　3　4　5　6　7　8　9　10　11　…

该数列以 0 和 1 开始，随后每个数都是数列中它前面两个数之和。因此，可以得到如下递归关系：

$$fib(n) = \begin{cases} fib(n-1) + fib(n-2) & n > 1 \\ 1 & n = 1 \\ 0 & n = 0 \end{cases}$$

```
1   import time
2   def main():
3       n = eval(input("输入斐波纳契数列的下标: "))
4       start = time.time()
5       print("斐波纳契数列第%d项的值: %d" % (n, fib(n)))
6       end = time.time()
7       print("运行时间: %d毫秒" % (int((end - start) * 1000)))
8   def fib(n):
9       if n == 0 or n == 1:
10          return n
11      else:
12          return fib(n - 1) + fib(n - 2)
13  main()
```

【运行示例】

输入斐波纳契数列的下标: 35✓
斐波纳契数列第 35 项的值: 9227465
运行时间: 2907 毫秒

第 8~12 行是 fib 函数，用于求斐波纳契数列第 n 项的值。

time 模块中的 time 方法返回以毫秒为精度的从 1970 年 1 月 1 日 00:00:00 开始到当前的格林威治时间（秒数）。第 1 行导入 time 模块。

第 4 行调用 time 方法获取调用 fib 函数前的时间存放在变量 start 中。第 5 行调用 fib 函数。第 6 行调用 time 方法获取调用 fib 函数后的时间存放在变量 end 中。第 7 行输出调用 fib 函数求斐波纳契数列值所耗费的时间（将时间化为毫秒并取整）。

如果递归实现 fib 函数，求 fib(35)约需 3 s（不同的计算机系统有差异）。

fib 函数调用过程如图 4.3 所示（假设 n 为 4）。

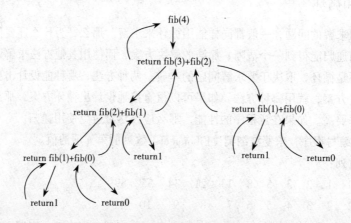

图 4.3　递归求 fib(4)的过程

从 fib(4)向下到 fib(3)和 fib(2)有连线，这表示在计算 fib(4)时，需要调用 fib(3)和 fib(2)，以完成

fib(4)的计算，其他连线也一样。从图 4.3 中可以看到执行中的调用关系，统计出函数递归调用的次数，可以发现，fib 函数存在着致命的缺陷，许多递归调用是重复的，例如，fib(2)调用了 2 次，fib(1)调用了 3 次，fib(0)调用了 2 次。n 越大，递归调用的次数会大大增加。一般来说，计算 fib(n)需要进行的递归调用次数是计算 fib($n-1$)所需要递归调用次数的 2 倍。n 增加 1，fib(n)的计算时间将为原来的 1.6 倍左右。

fib 函数的递归实现效率很差，使用循环来实现 fib 函数是更好的选择。斐波纳契数列以 0 和 1 开始，随后每个数都是数列中它前面两个数之和。因此，可以得到如下关系：

（1）f_0 和 f_1 已知。

（2）由 f_0 和 f_1 可以计算出 f_2。

（3）可以从 f_0 和 f_1 出发，向前逐个推算，直至算出所需的 f_n 为止。

```
1    import time
2    def main():
3        n = eval(input("输入斐波纳契数列的下标: "))
4        start = time.time()
5        print("斐波纳契数列第%d项的值: %d" % (n, fib(n)))
6        end = time.time()
7        print("运行时间: %d毫秒" % (int((end - start) * 1000)))
8    def fib(n):
9        f0, f1 = 0, 1
10       if n == 0 or n == 1:
11           return n
12       f = f0 + f1
13       for i in range(2, n):
14           f0, f1 = f1, f
15           f = f0 + f1
16       return f
17   main()
```

第 8～16 行是新的 fib 函数，使用循环求斐波纳契数列第 n 项的值。计算中需要一个变量 i，保存当时算出的斐波纳契数的下标。一旦变量 i 增加到等于参数 n，变量 f 应当正好是所需的 f_n 值。在计算时间上，新的 fib 函数有很大优越性，函数的主体就是一个循环，所需时间由循环次数确定，而循环体的执行次数等于参数 n 的大小。

如果循环实现 fib 函数，求 fib(35)时几乎觉察不到计算时间。

4.7.4 尾递归

若从递归调用返回时没有待处理操作要完成，那么这个递归函数就是尾递归函数。

下面的递归函数 A 是尾递归函数：

递归函数 A

　…

　　递归调用函数 A

因为每次递归调用函数 A 返回时没有待处理操作要完成。

下面的递归函数 B 不是尾递归函数：

递归函数 B

```
    ...
        递归调用函数 B
    ...
```

因为每次递归调用函数 B 返回时都有待处理操作要完成。

前面例 4.13 里的 factorial 函数就不是尾递归函数，每次递归调用返回时都有一个待处理的乘法操作要完成。

尾递归有助于减少占用内存大小。当最后一个递归调用结束时，递归函数也结束了。无须将中间调用过程存储在内存中。

可以使用辅助参数将非尾递归函数转换为尾递归函数。辅助参数用来存储结果。

【例 4.17】将 factorial 函数改写成尾递归函数。

```
1   def factorial(n):
2       return factorial_helper(n, 1)
3   def factorial_helper(n, result):
4       if n == 0:
5           return result
6       else:
7           return factorial_helper(n - 1, n * result)
8   def main():
9       n = eval(input("输入一个正整数："))
10      print("%d!=%.0f\n" % (n, factorial(n)))
11  main()
```

第 3～7 行是 factorial_helper 辅助函数。factorial 函数调用了 factorial_helper 辅助函数。factorial_helper 辅助函数带有辅助参数 result，它存储了 n 阶乘的结果。第 7 行递归调用 factorial_helper 辅助函数，在递归调用返回后，没有待处理操作。最终结果在第 2 行返回。

4.8　海　龟　图

海龟图（Turtle）起源于 Wally Feurzig 和 Seymour Papert 在 1966 年开发的 LOGO 编程语言。这是一个很经典的专门用来教小孩子编程的图形模块。

Python 本身实现并内置了海龟图模块。因此，在 Python 中，可以使用海龟图来绘制线、圆、其他形状图形以及文本。

要使用海龟图，首先要导入 turtle 模块：import turtle。

4.8.1　设置画布

画布（Canvas）是用于绘制图形的矩形区域。

定义图形窗口作为绘图的画布。

第一种方法：

```
t = turtle.Turtle()
turtle.mainloop()    # 也可以使用 turtle.done()
```

Turtle 方法打开一个窗口。窗口边框包围着的白色区域被称为画布，以像素为单位。画布中间带有一个小箭头，如图 4.4 所示。

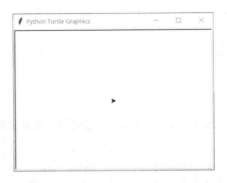

图 4.4　画布

　　mainloop 方法或 done 方法开始事件循环，让打开的窗口等待下一步动作；若没有下一步动作，则等待用户主动关闭窗口。必须是程序中的最后一条语句。

　　画布绘图坐标系统如图 4.5 所示。画布中间的小箭头被称为海龟，海龟所在的像素点坐标是 $(0, 0)$。

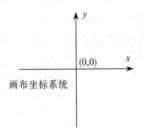

图 4.5　画布绘图坐标系统

第二种方法：

```
window = turtle.Screen()
window.title("海龟图")
window.bgcolor("orange")        # 橙色背景
t = turtle.Turtle()
window.mainloop()
```

Screen 方法创建一个窗口，title 方法设置窗口标题。title(titlestring)中，titlestring 是在窗口标题栏中显示的字符串。bgcolor 方法设置窗口背景颜色。bgcolor(*args)，args 是颜色字符串（如"orange"）或者十六进制颜色表示法#RRGGBB（如"#800080"）。第二种方法创建的画布如图 4.6 所示。

图 4.6　画布

第三种方法：

```
turtle.setup(640, 480)
turtle.title("海龟图")
turtle.bgcolor("orange")
t = turtle.Turtle()
turtle.mainloop()
```

setup 方法设置窗口大小和位置。width 和 heigh 是窗口的宽度和高度，startx、starty 是窗口的边角起始坐标。

```
setup(width, height, startx=None, starty=None).
```

width：如果为整数，宽度以像素为单位；如果为浮点数，宽度为屏幕的百分比，默认为屏幕的 50%（0.5）。

height：如果为整数，高度以像素为单位，如果为浮点数，高度为屏幕的百分比，默认为屏幕的 75%（0.75）。

startx：如果为正，则从屏幕左边缘开始（窗口左上角水平坐标），如果为负，则从屏幕右边缘开始（窗口右下角水平坐标），以像素为单位。默认为 None，窗口水平居中。

starty：如果为正，则从屏幕顶边缘开始（窗口左上角垂直坐标），如果为负，则从屏幕底部边缘开始（窗口右下角垂直坐标），以像素为单位。默认为 None，窗口垂直居中。

4.8.2   控制海龟

1. 海龟状态

hideturtle()或 ht()：隐藏海龟。

showturtle()或 st()：显示海龟。

isvisible()：判断海龟是否显示，显示返回 True，隐藏返回 False。

2. 海龟运动

forward(distance)或 fd(distance)：将海龟朝着箭头指向的方向移动指定距离 distance，单位为像素。

backward(distance)或 back(distance)或 bk(distance)：将海龟朝着箭头指向的反方向移动指定距离 distance，单位为像素。

speed(speed=None)：设置海龟移动的速度。参数 speed 为 0～10 范围内的整数值，速度从 1 到 10 越来越快。若参数 speed 大于 10 或小于 0.5，则速度设置为 0。如果没有给出参数，则返回当前速度。

left(angle)或 lt(angle)：海龟向左旋转（逆时针）指定角度 angle，单位为度。

right(angle)或 rt(angle)：海龟向右旋转（顺时针）指定角度 angle，单位为度。

setheading(to_angle)或 seth(to_angle)：将海龟的方向设置为 to_angle，单位为度。一些常用的度数方向：0（东）、90（北）、180（西）、270（南）。

heading()：返回海龟当前指向的方向，单位为度。

例如：

```
import turtle
```

```
turtle.setup(640, 480)
turtle.title("海龟图")
t = turtle.Turtle()
t.forward(100)
t.right(90)
t.forward(50)
turtle.mainloop()
```

t.forward(100)将海龟向前移动 100 像素，向箭头所指的方向（东）绘制一条直线；t.right(90)将箭头向右（顺时针）旋转 90 度；t.forward(50)将海龟向前移动 50 像素，向箭头所指的方向（南）绘制一条直线，如图 4.7 所示。

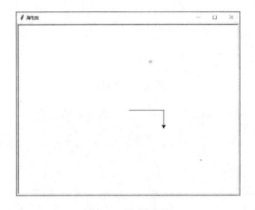

图 4.7　绘制直线

setposition(x, y=None)或 setpos(x, y=None)或 goto(x, y=None)：将海龟移动到坐标位置(x, y)，不改变海龟的方向，单位为像素。如果画笔处于放下状态，则绘制线段。

position()或 pos()：返回元组(x, y)，表示海龟的当前坐标位置，单位为像素。

setx(x)：将海龟的水平坐标位置设置为 x，垂直坐标位置保持不变，单位为像素。

sety(y)：将海龟的垂直坐标位置设置为 y，水平坐标位置保持不变，单位为像素。

xcor()：返回海龟的 x 坐标位置，单位为像素。

ycor()：返回海龟的 y 坐标位置，单位为像素。

home()：将海龟移动到坐标原点(0, 0)，并将其方向设置为初始方向（向东）。

undo()：撤销（可重复）最后一次海龟操作。

circle(radius, extent=None, steps=None)：参数 radius 表示圆半径，参数 extent（可选）表示弧度（单位为度），参数 steps（可选）表示边数。若没有给出 extent，则根据 radius 绘制整个圆。由于圆由内接的正多边形近似，steps 确定要使用的边数。若没有给出 steps，它将被自动计算。若 radius 为正数，则圆心在海龟左侧，沿逆时针方向绘制圆；否则圆心在海龟右侧，沿顺时针方向绘制圆。extent 确定绘制圆的哪一部分。steps 确定绘制正多边形，若 steps 为 3，则绘制正三角形。

例如：

```
import turtle
turtle.setup(640, 480)
turtle.title("海龟图")
t = turtle.Turtle()
```

```
t.circle(50)
turtle.mainloop()
```
沿逆时针方向绘制了一个半径为 50 像素的圆，圆心在海龟左侧，如图 4.8 所示。

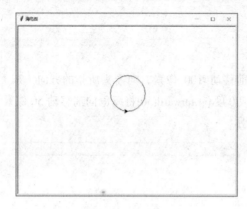

图 4.8　绘制圆

dot(size=None, *color)：使用 color 绘制一个直径为 size 的圆点。

例如：

```
import turtle
turtle.setup(640, 480)
turtle.title("海龟图")
t = turtle.Turtle()
t.dot(100, "red")
turtle.mainloop()
```
绘制了一个圆心在(0, 0)，直径为 100 像素的红色实心点，如图 4.9 所示。

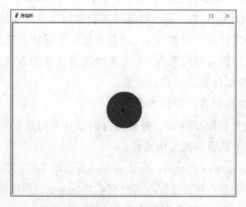

图 4.9　绘制实心点

【例 4.18】编写程序，绘制一个左上角坐标为(x,y)，宽度为 width、高度为 height，边框颜色为 color 的矩形。

```
1    import turtle
2    def draw_rectangle(t, x, y, width, height, color = "black"):
3        t.pencolor(color)          # 设置画笔颜色
4        t.up()                     # 抬起画笔
5        t.goto(x, y)               # 移动到矩形左上角
```

```
6       t.down()                    # 放下画笔
7       for i in range(2):
8           t.forward(width)        # 循环1，向右绘制上边；循环2，向左绘制下边
9           t.right(90)             # 循环1，由右向下转向；循环2，由左向上转向
10          t.forward(height)       # 循环1，向下绘制右边；循环2，向上绘制左边
11          t.right(90)             # 循环1，由下向左转向；循环2，由上向右转向
12  def main():
13      turtle.setup(640, 480)      # 设置窗口大小
14      turtle.title("绘制矩形")     # 设置窗口标题
15      t = turtle.Turtle()         # 建立海龟对象
16      t.hideturtle()              # 隐藏海龟
17      t.pensize(10)               # 设置线宽为10像素
18      draw_rectangle(t, -100, 100, 200, 200, "red")    # 调用绘矩形制函数
19      turtle.mainloop()
20  main()
```

绘制的矩形如图 4.10 所示。

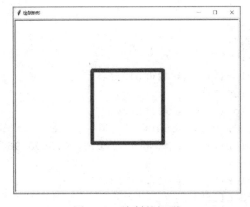

图 4.10　绘制的矩形

4.8.3　控制画笔

1. 画笔状态

penup()或 pu()或 up()：抬起画笔，移动时不绘制图形。

pendown()或 pd()或 down()：放下画笔，移动时绘制图形。画笔默认处于放下状态。

pensize(width=None)或 width(width=None)：设置画笔宽度，参数 width 表示宽度（正数），单位像素。如果没有给出参数，则返回当前画笔宽度。

isdown()：判断当前画笔是否放下，放下返回 True，否则返回 False。

2. 颜色控制

colormode(cmode=None)：设置颜色模式，参数 cmode 为 1.0 或 255，随后颜色三元组的 r、g 和 b 的值必须在 0～cmode 的范围内。如果没有给出参数，则返回当前颜色模式（1.0 或 255）。

例如：

```
import turtle
turtle.setup(640, 480)
```

```
turtle.title("海龟图")
t = turtle.Turtle()
print(turtle.colormode())      # 输出 1.0
turtle.colormode(255)
print(turtle.colormode())      # 输出 255
turtle.mainloop()
```

（1）pencolor(*args)：设置画笔颜色。如果没有给出参数，则返回当前画笔颜色。

- pencolor(colorstring)：将画笔颜色设置为 colorstring，colorstring 为颜色字符串（如"orange"）或者十六进制颜色表示法#RRGGBB（如"#800080"）。
- pencolor((r, g, b))：将画笔颜色设置为由 r、g 和 b 的元组表示的 RGB 颜色。r、g 和 b 中的每一个值必须在 0～colormode 的范围内，其中 colormode 为 1.0 或 255。
- pencolor(r, g, b)：将画笔颜色设置为由 r、g 和 b 表示的 RGB 颜色。r、g 和 b 中的每一个值必须在 0～colormode 的范围内，其中 colormode 为 1.0 或 255。

例如：

```
import turtle
turtle.setup(640, 480)
turtle.title("海龟图")
t = turtle.Turtle()
print(turtle.pencolor())       # 输出 black
turtle.pencolor("brown")
print(turtle.pencolor())       # 输出 brown
turtle.pencolor((0.2, 0.8, 0.55))
print(turtle.pencolor())       # 输出 (0.2, 0.8, 0.5490196078431373)
turtle.colormode(255)
print(turtle.pencolor())       # 输出 (51.0, 204.0, 140.0)
turtle.pencolor("#32c18f")
print(turtle.pencolor())       # 输出 (50.0, 193.0, 143.0)
turtle.mainloop()
```

（2）fillcolor(*args)：设置填充颜色。如果没有给出参数，则返回当前填充颜色。

- fillcolor(colorstring)：将填充颜色设置为 colorstring。
- fillcolor((r, g, b))：将填充颜色设置为由 r、g 和 b 的元组表示的 RGB 颜色。
- fillcolor(r, g, b)：将填充颜色设置为由 r、g 和 b 表示的 RGB 颜色。

例如：

```
import turtle
turtle.setup(640, 480)
turtle.title("海龟图")
t = turtle.Turtle()
print(turtle.fillcolor())      # 输出 black
turtle.fillcolor("violet")
print(turtle.fillcolor())      # 输出 violet
turtle.colormode(255)
turtle.fillcolor((50, 193, 143))
print(turtle.fillcolor())      # 输出 (50.0, 193.0, 143.0)
turtle.fillcolor("#ffffff")
```

```
print(turtle.fillcolor())          # 输出(255.0, 255.0, 255.0)
turtle.mainloop()
```

（3）color(*args)：设置画笔和填充颜色。如果没有给出参数，则返回一个表示当前画笔和填充颜色的元组(画笔颜色，填充颜色)。

- color(colorstring)或 color((r,g,b))或 color(r,g,b)：将画笔颜色和填充颜色设置为相同值。
- color(colorstring1, colorstring2)或 color((r1,g1,b1), (r2,g2,b2))：将画笔颜色和填充颜色设置为不同值。

例如：

```
import turtle
turtle.setup(640, 480)
turtle.title("海龟图")
t = turtle.Turtle()
print(turtle.color())       # 输出('black', 'black')
turtle.color("purple")
print(turtle.color())       # 输出('purple', 'purple')
turtle.color("red", "green")
print(turtle.color())       # 输出('red', 'green')
turtle.colormode(255)
turtle.color("#285078", "#a0c8f0")
print(turtle.color())       # 输出((40.0, 80.0, 120.0), (160.0, 200.0, 240.0))
turtle.mainloop()
```

3. 填充

begin_fill()：开始填充。在绘制填充图形前调用。

end_fill()：结束填充。在绘制填充图形后调用。

filling()：判断当前是否处于填充状态，是返回 True，否返回 False。

例如：

```
import turtle
turtle.setup(640, 480)
turtle.title("海龟图")
t = turtle.Turtle()
t.color("black", "red")
t.begin_fill()
t.circle(80)
t.end_fill()
turtle.mainloop()
```

沿逆时针方向绘制了一个半径为 80 像素、边框为黑色的红色实心圆，圆心在海龟左侧，如图 4.11 所示。

【例 4.19】编写程序，绘制起始坐标（左下角）为(x, y)，边长为 side，边框颜色为 color，填充颜色为 fill_color 的五角星（五角星每个点的内角是 36°）。

```
1   import turtle
2   def draw_five_pointed_star(t, x, y, side, color="black", fill_color=
    "white"):
3       t.pencolor(color)              # 设置画笔颜色
```

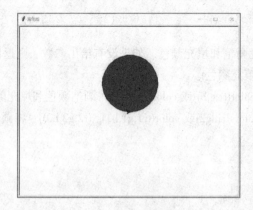

图 4.11　绘制的实心圆

```
4        t.fillcolor(fill_color)      # 设置填充颜色
5        t.up()                       # 抬起画笔
6        t.goto(x, y)                 # 移动到绘制位置
7        t.setheading(0)              # 设置海龟箭头指向东
8        t.left(36)                   # 海龟箭头向左旋转（逆时针）36 度
9        t.down()                     # 放下笔
10       t.begin_fill()               # 开始填充绘制
11       for i in range(5):           # 循环 5 次
12           t.forward(side)          # 每次绘制五角星的一边
13           t.left(144)              # 海龟箭头向左旋转（逆时针）144（180-36）度
14       t.end_fill()                 # 结束填充绘制
15   def main():
16       turtle.setup(640, 480)
17       turtle.title("绘制五角星")
18       t = turtle.Turtle()          # 建立海龟对象
19       t.hideturtle()               # 隐藏海龟
20       draw_five_pointed_star(t, -125, -50, 100)                # 绘制五角星
21       draw_five_pointed_star(t, 50, -50, 100, "red", "red") # 绘制填充五角星
22       turtle.mainloop()
23   main()
```

绘制的五角星如图 4.12 所示。

图 4.12　绘制的五角星

4．绘制文本

write(arg, move=False, align="left", font=("Arial", 8, "normal"))：在海龟当前位置处按指定的对齐方式和字体绘制文本。

arg：要输出的文本。

move：True 或 False。默认情况下为 False。若为 True，绘制文本后，画笔移动到文本的右下角。

align：设置水平对齐方式，左对齐"left"，居中"center"，右对齐"right"。默认为左对齐"left"。

font：设置字体，使用字体三元组(fontname,fontsize,fonttype)。fontname 表示字体名，fontsize 表示字体大小，fonttype 表示字体类型。

例如：

```
import turtle
turtle.setup(640, 480)
turtle.title("海龟图")
turtle.bgcolor("blue")        # 蓝色背景
t = turtle.Turtle()
t.hideturtle()                # 隐藏海龟
t.up()                        # 抬起画笔
t.goto(0, -20)                # 移动位置
t.down()                      # 放下画笔
t.pencolor("white")           # 设置画笔颜色
# 绘制文本
t.write("人生苦短，我用 Python", align="center", font=("黑体", 28, "bold"))
turtle.mainloop()
```

绘制的文本如图 4.13 所示。

图 4.13　绘制的文本

5．其他

reset()：清除画布，将海龟状态和位置重置为起始默认值。

clear()：清除画布，海龟当前状态和位置不受影响。

4.8.4　分形图形

自然界中广泛存在具有自相似性的形态，例如，连绵的山川、漂浮的云朵、岩石的断裂口等。1975 年，法国数学家芒德勃罗（B. B. Mandelbrot）把这些部分和整体之间相似的形状称为分形（Fractal），并创立了分形几何学。

分形本质上就是递归。分形图形可以使用递归方式来实现。

1904 年，瑞典数学家科赫（H. V. Koch）构造了"Koch 曲线"几何图形。Koch 曲线是一个典型的分形图形。根据分形的阶数不同，生成的 Koch 曲线也有很多种。Koch 曲线的绘制方法如下：

（1）阶数为 0，绘制一条长度为 L 的线条。

（2）阶数为 1，将线条 L 等分为 3 段，绘制第一条长度为 $L/3$ 的线条，向左旋转 60°，绘制第二条长度为 $L/3$ 的线条，向右旋转 120°，绘制第三条长度为 $L/3$ 的线条，向左旋转 60°，绘制第四条长度为 $L/3$ 的线条。得到 1 阶 Koch 曲线。

（3）n 阶 Koch 曲线的绘制线条长度是 $n-1$ 阶 Koch 曲线长度的 1/3。

（4）继续重复同样的操作 n 次，即可绘制出 n 阶 Koch 曲线。

【例 4.20】编写程序，从键盘输入正整数 n，绘制 n 阶 Koch 曲线。

```
1   import turtle
2   def draw_koch(t, n, size):
3       if n == 0:
4           t.forward(size)
5       else:
6           draw_koch(t, n - 1, size / 3)
7           t.left(60)
8           draw_koch(t, n - 1, size / 3)
9           t.right(120)
10          draw_koch(t, n - 1, size / 3)
11          t.left(60)
12          draw_koch(t, n - 1, size / 3)
13  def main():
14      n = eval(input("请输入 Koch 曲线的阶数: "))
15      turtle.setup(640, 480)
16      turtle.title("绘制 Koch 曲线")
17      t = turtle.Turtle()             # 建立海龟对象
18      t.hideturtle()                  # 隐藏海龟
19      t.up()                          # 抬起画笔
20      t.goto(-150, 0)                 # 移动到绘制位置
21      t.down()                        # 放下笔
22      draw_koch(t, n, 300)            # 绘制 Koch 曲线
23      turtle.mainloop()
24  main()
```

【运行示例】

请输入 Koch 曲线的阶数：3↙

3 阶 Koch 曲线如图 4.14 所示。

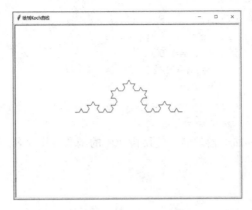

图 4.14　3 阶 Koch 曲线

4.9　模块化代码

函数可以用来减少冗余的代码并提高代码的可重用性。

模块化使代码易于维护和调试，有利于提高程序的质量。

前面使用过的 math、random、time 等模块都是 Python 中预定义模块，它们可以被导入任何一个 Python 程序中。

在 Python 中，可以自定义模块。

使用函数来模块化代码。将函数放在一个模块文件中，模块文件的扩展名是.py，之后模块就可以被导入程序中以便重复使用。

- 一个模块可以包含多个函数，每个函数应该有不同的名字。
- 若在一个模块中定义了同名函数，不会出现语法错误，但优先使用最后定义的同名函数。
- 模块文件通常应该和使用该模块的其他程序文件一起存放在同一个地方。

定义一个判定素数的 is_prime 函数，存放在一个名为 is_prime.py 的模块中，在其他程序中使用该模块判定素数。

模块文件 is_prime.py 如下：

```python
# 模块 is_prime.py
# 判定素数
def is_prime(n):
    '''
    参数 n 为正整数
    若 n 是素数，返回 True，否则返回 False
    '''
    flag = True
    if n <= 1:
        flag = False
    elif n == 2:
        flag = True
    elif n % 2 == 0:
        flag = False
    else:
```

```
        limit = int(n ** 0.5 + 1)
        for i in range(3, limit, 2):
            if n % i == 0:
                flag = False
                break
    return flag
```

如何导入模块和使用模块中的函数？

（1）导入整个模块：import 模块名。使用模块中的函数：模块名.函数名(...)。

例如：

```
import is_prime
is_prime.is_prime(n)
```

（2）导入模块中的特定函数：from 模块名 import 函数名。使用模块中的该函数：函数名(...)。

例如：

```
from is_prime import is_prime
is_prime(n)
```

（3）使用 as 关键字给模块指定别名：import 模块名 as 别名。使用模块中的函数：别名.函数名(...)。

例如：

```
import is_prime as ip
ip.is_prime(n)
```

（4）导入模块中的所有函数：from 模块名 import *。使用模块中的函数：函数名(…)。

例如：

```
from is_prime import *
is_prime(n)
```

这种导入模块的方法应该慎重使用。

测试程序 test_prime.py 如下：

```
# test_prime.py
# 测试 is_prime 模块
from is_prime import is_prime    # 导入 is_prime 模块中的 is_prime 函数
n = eval(input("请输入一个正整数："))
print("素数" if is_prime(n) else "非素数")
```

注意：模块文件 is_prime.py 和测试程序 test_prime.py 应该放在同一个地方，如同一个文件夹（目录）中。

思考与练习

1. 写出下列程序的输出结果。

```
def fun(x, y):
    x = x + y
    y = x - y
    x = x - y
    print("%d#%d" % (x, y))
def main():
```

```
        x, y = 2, 3
        fun(x, y);
        print("%d#%d" % (x, y))
    main()
```

2. 写出下列程序的输出结果。

```
def fun(x, y, z):
    return x + y + z
print(fun(1, 3, 4))
print(fun(2, y = 3, z = 4))
print(fun(x = 3, y = 3, z = 4))
print(fun(y = 4, z = 5, x = 2))
```

3. 写出下列程序的输出结果。

```
def fun(x, y=2, z=3):
    return x + y + z
print(fun(1, 1, 1))
print(fun(y = 2, x = 1, z = 3))
print(fun(1, z = 4))
```

4. 写出下列程序的输出结果。

```
a, b = 1, 2
def fun():
    a = 100
    b = 200
def main():
    a, b = 5, 7
    fun()
    print("%d#%d" % (a, b))
main()
```

5. 写出下列程序的输出结果。

```
def fun(x):
    print(x)
    x = 8.5
    y = 7.4
    print(y)
x = 1
y = 2
fun(x)
print(x)
print(y)
```

6. 写出下列程序的输出结果。

```
def fun(x, *y, **z):
    print(x)
    print(y)
    print(z)
fun(1, 2, 3, 4, a = 1, b = 2, c = 3)
```

7. 写出下列程序的输出结果。

```
import functools
```

```
print(list(map(lambda x : x ** 2, range(1, 11))))
print(list(filter(lambda x : x % 2 != 0 and x % 3 != 0, range(2, 25))))
lst = ["Welcome ", "to ", "Python", ", ", "Programming ", "is ", "fun", "."]
print(functools.reduce(lambda x, y : x + y, lst))
```

8. 写出下列程序的输出结果。

```
def power(exp):
    def power_helper(x):
        return x ** exp
    return power_helper
square = power(2)
cube = power(3)
print(square(3))
print(cube(3))
```

9. 找出下列程序的错误。

```
def fun():
    x = 8.5
    y = 7.4
    print(x)
    print(y)
fun()
print(x)
print(y)
```

10. 写出下列程序的输出结果。

```
def fun(n):
    if n == 1:
        return 1
    else:
        return n + fun(n - 1)
def main():
    print(fun(5))
main()
```

编 程 题

1. 如果四边形四条边的长度分别为 a、b、c、d，一对对角之和为 2α，则其面积为

$$area = \sqrt{(p-a)(p-b)(p-c)(p-d) - abcd\cos^2\alpha}$$

其中，$p = \dfrac{1}{2}(a+b+c+d)$。定义和调用函数 def compute_area(a, b, c, d, alpha)，计算任意四边形的面积。

设有一个四边形，其四条边边长分别为 3、4、5、5，一对对角之和为 145°，编写程序计算它的面积。结果保留 2 位小数。

【运行示例】

四边形面积: 16.62

2. 编写程序，定义和调用函数 def reverse(n)，返回一个整数的逆序数。

【运行示例】

请输入一个整数：3456↙

逆序数：6543

请输入一个整数：-5908↙

逆序数：-8095

3. 编写程序，定义和调用函数 def m(i)，计算如下数列。结果保留 4 位小数。

$$m(i) = 4\left(1 - \frac{1}{3} + \frac{1}{5} - \frac{1}{7} + \cdots + \frac{1}{2i-1} - \frac{1}{2i+1}\right)$$

【运行示例】

请输入数列的项数：901↙

3.1427

4. 编写程序，求 3 个整数中的中间数。定义和调用函数 def mid(a, b, c)，返回 a、b、c 三数中大小位于中间的一个数。

【运行示例】

请输入三个整数：-9,7,2↙

中间数：2

请输入三个整数：8,8,8↙

中间数：8

5. 只包含因子 2、3、5 的正整数称为丑数，如 4、10、12 都是丑数，而 7、23、111 则不是丑数，另外 1 可以视为特殊的丑数。定义和调用函数 def is_ugly(n)，如果 n 是丑数，返回 True，否则返回 False。编写程序，判断给定的正整数是否是丑数，若是丑数，输出 True，否则输出 False。

【运行示例】

请输入一个正整数：12↙

True

6. 古希腊数学家毕达哥拉斯在自然数研究中发现，220 的所有真约数（即不是自身的约数）之和为 1+2+4+5+10+11+20+22+44+55+110 = 284，而 284 的所有真约数为 1+2+4+71+142 = 220。人们对这样的数感到很惊奇，称之为亲和数。一般地讲，如果两个数中任何一个数都是另一个数的真约数之和，则这两个数就是亲和数。定义和调用函数 def factor(n)，返回 n 的所有真约数之和。编写程序，判断给定的两个数是否是亲和数，若是亲和数，输出 YES，否则输出 NO。

【运行示例】

请输入两个整数：17296,18416↙

YES

7. 编写程序，定义和调用函数 def f(x, n)，用递归求下列数学式子的值，其中 n 为整数。结果保留 2 位小数。

$$f(x,n) = x - x^2 + x^3 - x^4 + \cdots + (-1)^{n-1}x^n, \quad n > 0$$

【运行示例】

输入 x 和 n：2 3↙

f(2, 3) = 6.00

8. 编写程序，绘制图 4.15 所示的奥林匹克环标志。环半径为 45 像素，线宽为 5 像素，边框颜色依次为蓝色、黑色、红色、黄色和绿色。

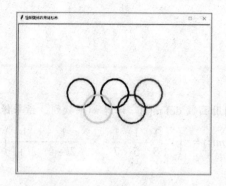

图 4.15   奥林匹克环标志

9. 编写程序，绘制图 4.16 所示的自行车。轮子半径为 70 像素，轮轴半径为 20 像素，颜色为黄色。

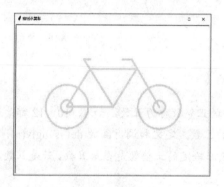

图 4.16   自行车

10. 编写程序，从键盘输入正整数 n，绘制 n 阶 Koch 雪花曲线。图 4.17 所示为 0 阶 Koch 雪花曲线和 1 阶 Koch 雪花曲线。Koch 雪花曲线按如下方式产生：

阶数为 0，绘制一个边长为 L 的等边三角形。阶数为 1，将等边三角形边长为 L 的每条边等分为 3 段，对于每条边绘制第一条长度为 $L/3$ 的线条，向右旋转 $60°$，绘制第二条长度为 $L/3$ 的线条，向左旋转 $120°$，绘制第三条长度为 $L/3$ 的线条，向右旋转 $60°$，绘制第四条长度为 $L/3$ 的线条。得到 1 阶 Koch 雪花曲线。

继续重复同样的操作 n 次，即可绘制出 n 阶 Koch 雪花曲线。

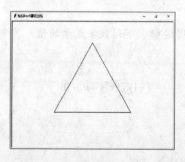
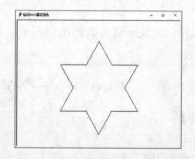

（a）0 阶   （b）1 阶

图 4.17   Koch 雪花曲线

第 **5** 章 │ 字符串、列表和元组

前面程序中使用了整数类型变量、浮点数类型变量、布尔类型变量等。这些变量只能保存单一数据。这种表示单一数据的类型称为基本数据类型。在许多情况下，仅使用基本数据类型变量是不够的。组合数据类型能够将多个相同类型或不同类型的数据按一定规则组织起来，使用组合数据类型变量可以对这些数据进行批量处理。

根据数据之间的关系，组合数据类型分为序列类型、集合类型和字典类型。

序列类型是一组有顺序关系的相关元素的集合。字符串、列表和元组都属于序列类型。

第 2 章中对字符串、列表和元组进行了简单介绍。本章将更深入地讨论字符串、列表和元组。

5.1 字　符　串

5.1.1 字符编码和字符串

Unicode 编码是目前最广泛使用的字符编码。Unicode 的实现方式称为 Unicode 转换格式（Unicode Transformation Format，UTF）。

UTF-8（8-bit Unicode Transformation Format）是在互联网上使用最广泛的一种 Unicode 的实现方式。UTF-8 是一种针对 Unicode 的可变长度字符编码，它可以用来表示 Unicode 标准中的任何字符，且其编码中的第一个字节仍与 ASCII 兼容，这使得原来处理 ASCII 字符的软件无须或只需做少部分修改，即可继续使用。

Python 3 默认使用 UTF-8 编码。

```
>>> import sys
>>> print(sys.getdefaultencoding())
utf-8
```
字符串是一个字符序列。

在 Python 中，字符串字面量可以表示为以单引号'或双引号"括起来的一个字符序列。起始和末尾的引号必须是一致的（要么是两个双引号，要么是两个单引号）。

```
>>> print("Welcome to Python")
Welcome to Python
>>> print('Programming is fun')
Programming is fun
```

单引号可以出现在由双引号包围的字符串中。双引号可以出现在由单引号包围的字符串中。

```
>>> print("What's your name?")
What's your name?
>>> print('He said, "Python program is easy to read"')
He said, "Python program is easy to read"
```

如果字符串内部既包含'又包含",可以用转义字符\来标识。

还可以使用连续 3 个单引号'''或 3 个双引号"""创建字符串字面量，这多用于创建多行字符串。

字符串是对象。当将一个字符串字面量赋值给变量时，就会为这个字符串字面量创建新对象，然后将这个新对象的引用赋值给这个变量。

```
>>> s1 = ''
>>> type(s1)
<class 'str'>
>>> s2 = "Python"
>>> type(s2)
<class 'str'>
```

还可以使用 str 内置函数来创建字符串。

```
>>> s1 = str()
>>> type(s1)
<class 'str'>
>>> s2 = str("Python")
>>> type(s2)
<class 'str'>
>>> s3 = str(123)
>>> type(s3)
<class 'str'>
```

为了优化性能，减少字符串对象的重复创建，Python 引入了字符串常量池。

当创建字符串对象时，Python 首先会对这个字符串进行检查。如果字符串常量池中存在相同内容的字符串对象，则返回该对象的引用；否则新的字符串对象被创建，然后将这个字符串对象放入字符串常量池中，并返回该对象的引用。

```
>>> s1 = "Welcome"
>>> s2 = "Welcome"
>>> id(s1)
2666438683088
>>> id(s2)
2666438683088
```

如图 5.1 所示，s1 和 s2 指向字符串常量池中同一个字符串对象，它们都有相同的 id。

图 5.1   字符串常量池

5.1.2　字符串的基本操作

1．通过下标访问字符串中的字符

字符串中的每个字符都对应一个从 0 开始的顺序编号，该顺序编号称为下标。

任何整数表达式都可以用作下标。通过：字符串变量名[下标]或字符串字面量[下标]，来访问字符串中的某个字符。

```
>>> s = "Python"
>>> s[0]
'P'
>>> s[5]
'n'
>>> "Python"[2]
't'
```

s[0]是字符串 s 的第一个字符，而 s[5]（即 s[len(s) – 1]）是字符串 s 的最后一个字符。

越界访问字符串中的字符是常见的错误，如果试图读取一个不存在的字符，将会得到一个索引错误（IndexError）。

```
>>> s[6]
IndexError: string index out of range
```

如果下标是负数，它将从字符串的末端开始访问字符串。

```
>>> "Python"[-1]
'n'
>>> "Python"[-1 + len("Python")]
'n'
>>> "Python"[-6]
'P'
>>> "Python"[-6 + len("Python")]
'P'
```

使用负数作为下标实际上是将字符串长度和负数下标相加得到实际的位置。

字符串是不可变对象，不可以直接修改字符串中的内容。

```
>>> s = "Python"
>>> s[0] = 'p'
TypeError: 'str' object does not support item assignment
```

2．通过切片操作获得字符串的子串

字符串变量名[start:end:step]或字符串字面量[start:end:step]，默认情况下 step 为 1，返回下标从 start 到 end–1 的字符构成的一个子串。

```
>>> s = "Python"
>>> s[1:4]
'yth'
>>> s[0:6:2]
'Pto'
```

start 和 end 可以省略。若省略 start，start 默认为 0；若省略 end，end 默认为字符串长度；若 start 和 end 都省略，则切片就是整个字符串的一个副本。

```
>>> s = "Python"
>>> s[:5]
'Pytho'
>>> s[0:5]
'Pytho'
>>> s[4:]
'on'
>>> s[4:len(s)]
'on'
>>> s[:]
'Python'
>>> s[::2]
'Pto'
```

若 start 大于或等于 end，将返回一个空字符串。若 end 指定了一个超出字符串末尾的位置，将使用字符串长度替代 end。

```
>>> s = "Python"
>>> s[3:3]
''
>>> s[2:10]
'thon'
>>> s[2:len(s)]
'thon'
```

切片也可以使用负数下标。

```
>>> s = "Python"
>>> s[1:-1]
'ytho'
>>> s[1:-1 + len(s)]
'ytho'
```

下面的切片操作将字符串反转（逆序）。

```
>>> s = "Python"
>>> s
'Python'
>>> s[::-1]    # 字符串反转
'nohtyP'
```

3. 运算符

（1）使用*运算符以给定的次数重复一个字符串。

```
>>> s = "Python"
>>> 3 * s
'PythonPythonPython'
>>> s * 3
'PythonPythonPython'
>>> 'a' * 4
'aaaa'
>>> 4 * 'a'
'aaaa'
```

（2）使用 in 或 not in 运算符来判断一个字符串是否在另一个字符串中。

```
>>> s = "Welcome to Python"
>>> "Python" in s
True
>>> "come" not in s
False
```

（3）使用 is 或 is not 来判断两个字符串是否是同一个对象。

```
>>> s1 = "Python"
>>> s2 = "Python"
>>> id(s1)
2446955997648
>>> id(s2)
2446955997648
>>> s1 is s2
True
```

（4）使用关系运算符对字符串进行比较。通过比较字符串中对应的字符（字典顺序）决定字符串大小。

```
>>> s1 = "green"
>>> s2 = "glow"
>>> s1 > s2
True
```

4．遍历字符串

（1）最常用的遍历字符串的方式是使用 for 语句。

例如：

```
s = "Python"
for ch in s:
    print(ch, end=' ')
```

输出：

```
P y t h o n
```

（2）另一种常用的方法是使用 for 语句，结合内置函数 range 和 len，通过下标访问字符串中的字符。

例如：

```
s = "Python"
for i in range(len(s)):
    print(s[i], end=' ')
```

输出：

```
P y t h o n
```

5．测试字符串

（1）isalnum()方法：若字符串中至少有一个字符且所有字符是由字母数字组成的返回 True，否则返回 False。

```
>>> "CS101".isalnum()
True
```

（2）isalpha()方法：若字符串中至少有一个字符且所有字符是由字母组成的返回 True，否则返回 False。

```
>>> "Python".isalpha()
True
```

（3）isdigit()方法：若字符串中至少有一个字符且所有字符是由数字组成的返回 True，否则返回 False。

```
>>> "2017".isdigit()
True
```

（4）isidentifier()方法：若字符串符合 Python 标识符规则返回 True，否则返回 False。

```
>>> "radius".isidentifier()
True
>>> "100_bottles".isidentifier()
False
```

（5）islower()方法：若字符串中至少有一个区分大小写的字符且这些字符全是小写的返回 True，否则返回 False。

```
>>> "Python is fun".islower()
False
```

（6）isupper()方法：若字符串中至少有一个区分大小写的字符且这些字符全是大写的返回 True，否则返回 False。

```
>>> "HELLO Python".isupper()
False
```

（7）isspace()方法：若字符串中只包含空白字符返回 True，否则返回 False。

```
>>> " \n \t ".isspace()
True
```

6．转换字符串

（1）capitalize()方法：返回第一个单词首字母大写的新字符串。

```
>>> "welcome to python".capitalize()
'Welcome to python'
```

（2）title()方法：返回每个单词首字母大写的新字符串。

```
>>> "welcome to python".title()
'Welcome To Python'
```

（3）swapcase()方法：返回小写字母变成大写字母、大写字母变成小写字母后的新字符串。

```
>>> "Python".swapcase()
'pYTHON'
```

（4）replace(old, new[, count])方法：返回用 new 替换 old 后的新字符串。count 可选，若指定了 count，则 new 替换 old 最多 count 次。

```
>>> "Old China".replace("Old", "New")
'New China'
>>> "This is string example...wow!!! This is really string".replace("is", "was", 3)
'Thwas was string example...wow!!! Thwas is really string'
```

7. 删除字符串中的空白

（1）lstrip([chars])方法：chars 可选，返回去掉左端空白字符或 chars 字符的新字符串。

```
>>> s = "  Welcome to Python\n \t"
>>> s.lstrip()
'Welcome to Python\n \t'
```

（2）rstrip([chars])方法：chars 可选，返回去掉右端空白字符或 chars 字符的新字符串。

```
>>> s.rstrip()
'  Welcome to Python'
```

（3）strip([chars])方法：chars 可选，返回去掉左右两端空白字符或 chars 字符的新字符串。

```
>>> s.strip()
'Welcome to Python'
>>> s = "0000000This is string...wow!!!0000000"
>>> s.strip("0!")
'This is string...wow'
```

8. 格式化字符串

（1）center(width[, fillchar])方法：fillchar 可选，默认以空格填充，返回在给定宽度 width 上居中对齐的新字符串。

```
>>> s = "Python"
>>> s.center(10, '*')
'**Python**'
```

（2）ljust(width[, fillchar])方法：fillchar 可选，默认以空格填充，返回在给定宽度 width 上左对齐的新字符串。

```
>>> s.ljust(10, '*')
'Python****'
```

（3）rjust(width[, fillchar])方法：fillchar 可选，默认以空格填充，返回在给定宽度 width 上右对齐的新字符串。

```
>>> s.rjust(10, '*')
'****Python'
```

9. 搜索字符串

（1）endswith(suffix[, start[, end]])方法：start 和 end 参数可选，用于指定搜索范围。默认情况下，start 为 0，end 为字符串长度。若字符串以子串 suffix 结尾返回 True，否则返回 False。

```
>>> s = "Welcome to Python"
>>> s.endswith("thon")
True
```

（2）startswith(prefix[, start[, end]])方法。start 和 end 参数可选，用于指定搜索范围。默认情况下，start 为 0，end 为字符串长度。若字符串以子串 prefix 开头返回 True，否则返回 False。

```
>>> s.startswith("we")
False
```

（3）find(sub[, start[, end]])方法：start 和 end 参数可选，用于指定搜索范围。默认情况下，start 为 0，end 为字符串长度。返回子串 sub 在字符串中首次出现的位置（下标），否则返回-1。

```
>>> s.find("come")
3
>>> s.find("become")
-1
>>> s.find('o', 5)
9
>>> s.find('o', 10, len(s))
15
```

（4）rfind(sub[, start[, end]])方法：start 和 end 参数可选，用于指定搜索范围。默认情况下，start 为 0，end 为字符串长度。返回子串 sub 在字符串中最后出现的位置（下标），否则返回-1。

```
>>> s.rfind('o')
15
>>> s.rfind('o', 0, 5)
4
```

（5）index(sub[, start[, end]])方法：类似于 find 方法。返回子串 sub 在字符串中首次出现的位置（下标），否则抛出"ValueError"异常。

（6）rindex(sub[, start[, end]])方法：类似于 rfind 方法。返回子串 sub 在字符串中最后出现的位置（下标），否则抛出"ValueError"异常。

（7）count(sub[, start[, end]])方法：start 和 end 参数可选，用于指定搜索范围。默认情况下，start 为 0，end 为字符串长度。返回子串 sub 在字符串中出现的次数。

```
>>> s.count('o')
3
```

10. 拼接字符串

join 方法将一个字符串列表的元素拼接起来。需要在一个分隔符上调用它，并传入一个列表作为参数。

```
>>> lst = ['I', 'am', 'a', 'student']
>>> ' '.join(lst)
'I am a student'
```

在上面的例子中，分隔符是一个空格，所以 join 方法在单词之间添加一个空格。还可以使用空字符"或其他字符串作为分隔符。

11. 逆序和排序字符串

前面在讲切片操作时，提到 s[::-1]可以将字符串 s 中的字符逆序。

（1）reversed(seq)函数是 Python 提供的内置函数。使用 reversed 函数可以将字符串 seq 中的所有字符逆序，返回由逆序后的所有字符构成的一个可迭代对象，原字符串 seq 保持不变。使用 join 方法可以将可迭代对象转换为一个字符串并返回该字符串。

```
>>> s = "Python"
>>> r_s = reversed(s)
>>> s
'Python'
>>> ''.join(r_s)
```

'nohtyP'

（2）sorted(seq, key=None, reverse=False)函数是 Python 提供的内置函数。使用 sorted 函数可以将字符串 seq 中的所有字符升序（默认）或降序（reverse 参数为 True）排序。若 key 参数为一个函数名，则按该函数指定的规则进行排序。返回由排序后的所有字符构成的一个列表，使用 join 方法可以将列表转换为一个字符串并返回该字符串。原字符串 seq 保持不变。

```
>>> s = "Python"
>>> s_s = sorted(s)
>>> s
'Python'
>>> ''.join(s_s)
'Phnoty'
>>> s_s = sorted(s, reverse=True)
>>>
>>> ''.join(s_s)
'ytonhP'
```

【例 5.1】编写程序，判断输入的一个字符串是否为回文串，若是输出 Yes，否则输出 No。回文串是指正读和反读都一样的字符串，如 level。不区分字母的大小写。

若字符串和它的逆序串相等，则为回文串。

```
1   def is_palindrome(s):
2       return s.lower() == s[::-1].lower()
3   def main():
4       s = input("请输入一个字符串: ")
5       print("Yes" if is_palindrome(s) else "No")
6   main()
```

【运行示例】

请输入一个字符串: Level↙
Yes
请输入一个字符串: abadcba↙
No

5.1.3 正则表达式

1. 初识正则表达式

正则表达式（regular expression）是一个用于匹配字符串的模板。任何字符串都可以视为正则表达式，例如，"Python"就是一个正则表达式，但它只能匹配字符串"Python"，不能匹配其他字符串。

通常正则表达式能够匹配一批字符串。

正则表达式由普通字符和特殊字符构成。如表 5.1 所示，表中这些特殊字符被称为元字符。

表 5.1　正则表达式的元字符

元　字　符	含　　　　义
.	匹配除换行符外的任何字符。在 DOTALL 模式中也能匹配换行符
\	转义字符，使后一个字符改变原来的含义

元 字 符	含 义
*	匹配前一个字符 0 次或多次
+	匹配前一个字符 1 次或多次
?	匹配前一个字符 0 次或 1 次
^	匹配字符串开头，在多行模式中匹配每一行的开头
$	匹配字符串末尾，在多行模式中匹配每一行的末尾
		匹配|左右任何一个正则表达式，从左到右匹配。如果|没有包括在()中，则它的范围是整个正则表达式
(…)	将正则表达式分组。分组编号从 1 开始
[…]	字符类，即字符集合。匹配字符类中的任何一个字符。特殊字符在字符类中都失去其原有的特殊含义
{…}	{m}匹配前一个字符 m 次，{m,n}匹配前一个字符 m 至 n 次。{m,}至少匹配 m 次，{,n}匹配 0 至 n 次

字符类[]中的字符可以逐个列出，也可以给出范围。连字符-若出现在字符中间，则表示字符范围。特殊字符^若出现在开头，则表示取反。

例如：

```
[-abc]      # 匹配-、a、b、c 中的任何一个字符
[a-c]       # 匹配 a、b、c 中的任何一个字符
[^abc]      # 匹配除了 a、b、c 外的任何一个字符
[ab^c]      # 匹配 a、b、^、c 中的任何一个字符
[0-9]       # 匹配 0～9 的任何一个数字字符
[^0-9]      # 匹配任何一个非数字字符
[a-zA-Z]    # 匹配 a～z 或 A～Z 的任何一个字符
[^a-zA-Z]   # 匹配除了 a～z 或 A～Z 外的任何一个字符
```

分组()中的正则表达式作为一个整体，可以后跟数量词。分组中的\|仅在该组中有效。

例如：

```
(ab|cd)     # 匹配 ab 或 cd
(ab){3}     # 匹配 ababab
```

注意：ab{3}则匹配 abbb。

如表 5.2 所示，正则表达式提供了若干预定义字符类。

表 5.2 正则表达式的预定义字符类

预定义字符类	含 义
\d	匹配 0～9 的任何一个数字字符，等价于[0-9]
\D	匹配任何一个非数字字符，等价于[^0-9]
\s	匹配空白字符[\f\n\r\t\v]
\S	匹配非空白字符[^ \f\n\r\t\v]
\w	匹配单词字符，等价于[a-zA-Z0-9_]
\W	匹配非单词字符，等价于[^a-zA-Z0-9_]

预定义字符类	含　　义
\A	匹配字符串开头
\Z	匹配字符串末尾
\b	匹配单词边界，即单词前边或后边的字符，而不在乎单词中间的字符
\B	匹配非单词边界，即单词中间的字符，而不在乎单词前边或后边的字符

在 Python 中，\表示转义字符的前缀；而在正则表达式中，一些特殊字符也以\作为前缀。因此，匹配一个数字的\d，在 Python 中应表示为"\\d"，往往会漏写了反斜杠。使用 Python 的原生字符串可以避免这个问题，匹配一个数字的"\\d"可以写成 r"\d"。

r"\bthe"，匹配任何以 the 开头的字符串。r"er\b"，可以匹配 "never" 中的 "er"，但不能匹配 "verb" 中的 "er"，只关心单词后边的字符。r"er\B"，可以匹配 "verb" 中的 "er"，但不能匹配 "never" 中的 "er"，只关心单词中间的字符。

Python 标识符由字母、数字和下画线组成，必须以字母或下画线开头。Python 标识符的正则表达式是：r"[a-zA-Z_][\w$]*"。

偶数只能以 0、2、4、6 或 8 结尾，偶数的正则表达式是 r"[\d]*[02468]"。

如表 5.3 所示，正则表达式提供了若干特殊分组。

表 5.3　正则表达式的特殊分组

特 殊 分 组	含　　义
(?P<name>···)	将正则表达式分组。除了默认分组编号外再指定一个别名 name
\number	引用分组编号为 number 的分组
(?P=name)	引用别名为 name 的分组

r"\b(?P<my_group1>\w+)\b\s+(?P=my_group1)\b"：(\w+)的编号为 1、别名为 my_group1，后面的 (?P=my_group1)引用前面的(\w+)。r"\b(\w+)\b\s+\1\b"：(\w+)的编号为 1，后面的\1 引用前面的(\w+)。

这里再强调下反斜杠\的作用：

（1）反斜杠后边跟特殊字符去除特殊功能，即特殊字符转义成普通字符。

（2）反斜杠后边跟普通字符实现特殊功能，即预定义字符类。

（3）引用分组编号对应的分组。

Python 默认使用贪婪模式，即总是尝试匹配尽可能多的字符。而懒惰模式则相反，总是尝试匹配尽可能少的字符。例如，对于 "abbbc"，正则表达式 ab*贪婪匹配将找到 "abbb"；正则表达式 ab*?懒惰匹配将找到 "a"。注意，加个?就可以让 ab*采用懒惰匹配。

2．re 模块

Python 通过 re 模块提供了对正则表达式的支持。

要使用 re 模块处理正则表达式，必须先导入 re 模块：import re。

在 Python 中使用正则表达式时，re 模块首先编译正则表达式，如果正则表达式本身不合法，会报错；然后用编译后的正则表达式去匹配字符串。

pattern 是正则表达式；string 是要匹配的字符串；flags 是匹配模式。

flags 匹配模式如下：

（1）re.A 或 re.ASCII：预定义字符类\w、\W、\b、\B、\d、\D、\s 和\S 仅匹配 ASCII 字符。注意：在 Python 3 中，默认情况是匹配 Unicode 字符。

（2）re.I 或 re.IGNORECASE：忽略大小写。

（3）re.L 或 re.LOCALE：预定义字符类\w、\W、\b、\B 和忽略大小写匹配依赖于当前的语言环境。

（4）re.M 或 re.MULTILINE：元字符^和$可以匹配每一行的开头和末尾。

（5）re.S 或 re.DOTALL：元字符.匹配任何字符。

（6）re.X 或 re.VERBOSE：正则表达式可以是多行，忽略空白字符，并可以加入注释。

多个 flags 匹配模式可以通过|连接起来。

```
re.match(pattern, string, flags=0)
```
如果在字符串起始位置匹配成功则返回匹配对象，否则返回 None。
```
>>> m = re.match("to", "To Python, or not to Python: this is a question.")
>>> print(m)
None
re.search(pattern, string, flags=0)
```
如果在字符串任何位置匹配成功则返回匹配对象，否则返回 None。如果字符串中存在多个匹配子串，只返回首次匹配的。
```
>>> m = re.search("Python", "To Python, or not to Python: this is a question.")
>>> print(m)
<_sre.SRE_Match object; span=(3, 9), match='Python'>
re.fullmatch(pattern, string, flags=0)
```
如果整个字符串匹配成功则返回匹配对象，否则返回 None。
```
>>> m = re.fullmatch("Python is fun", "Python is fun")
>>> print(m)
<_sre.SRE_Match object; span=(0, 13), match='Python is fun'>
re.findall(pattern, string, flags=0)
```
返回字符串中所有相匹配的不重叠子串，返回形式为字符串列表；若没有匹配的，则返回空列表。
```
>>> m = re.findall("Python", "To Python, or not to Python: this is a question.")
>>> print(m)
['Python', 'Python']
re.finditer(pattern, string, flags=0)
```
返回字符串中所有相匹配的不重叠子串，返回形式为迭代器。
```
>>> m = re.finditer("Python", "To Python, or not to Python: this is a question.")
>>> print(m)
<callable_iterator object at 0x000002876CA14F98>
```
使用匹配对象包含的方法，可以对匹配结果进行处理。
```
group([group1, ...])
```
返回匹配的一个或多个子串。group1 可以使用编号也可以使用别名；编号 0 代表整个匹配的子串；group()等价于 group(0)；指定多个参数时将返回一个包含匹配子串的元组。

```
>>> m = re.match(r"(\w+) (\w+) (\w+)", "Guido von Rossum, Programmer")
>>> m.group()
'Guido von Rossum'
>>> m.group(0)
'Guido von Rossum'
>>> m.group(1)
'Guido'
>>> m.group(2)
'von'
>>> m.group(3)
'Rossum'
>>> m.group(1, 2, 3)
('Guido', 'von', 'Rossum')
>>> m = re.match(r"(?P<name>\w+ \w+ \w+), (?P<job>\w+)", "Guido von Rossum,
Programmer")
>>> m[0]
'Guido von Rossum, Programmer'
>>> m[1]
'Guido von Rossum'
>>> m[2]
'Programmer'
>>> m["name"]
'Guido von Rossum'
>>> m["job"]
'Programmer'
```

groups(default=None)

返回一个包含所有匹配子串的元组。

```
>>> m = re.match(r"(\w+) (\w+) (\w+)", "Guido von Rossum, Programmer")
>>> m.groups()
('Guido', 'von', 'Rossum')
```

groupdict(default=None)

返回一个包含所有匹配命名子串的字典。命名子串的名称作为字典的键。

```
>>> m = re.match(r"(?P<name>\w+ \w+ \w+), (?P<job>\w+)", "Guido von Rossum,
Programmer")
>>> m.groupdict()
{'name': 'Guido von Rossum', 'job': 'Programmer'}
```

start([group])

返回匹配子串在字符串中的开始位置（匹配子串第一个字符的位置）。

end([group])

返回匹配子串在字符串中的结束位置（匹配子串最后一个字符的下一个位置）。

```
>>> m = re.search("Python", "To Python, or not to Python: this is a question.")
>>> m.group()
'Python'
>>> m.start()
```

```
>>> m.end()
9
```

span([group])

返回一个包含匹配子串位置范围的元组。

```
>>> m = re.search("Python", "To Python, or not to Python: this is a question.")
>>> m.group()
'Python'
>>> m.span()
(3, 9)
```

re.split(pattern, string, maxsplit=0, flags=0)

将字符串分割成匹配的子串，返回形式为字符串列表。maxsplit 用于指定最大分割次数，不指定将全部分割。

```
>>> re.split(r"\d+", "C1C++2Java3Python4JavaScript")
['C', 'C++', 'Java', 'Python', 'JavaScript']
>>> re.split(r"\d+", "C1C++2Java3Python4JavaScript", 1)
['C', 'C++2Java3Python4JavaScript']
```

【例 5.2】输入一个以'.'结尾的简单英文句子，单词之间用空格或逗号分隔。输出该句子中最长的单词。如果多于一个，则输出第一个。

```
1   import re
2   line = input()
3   words = re.split("[ ,.]", line)
4   max_length = 0
5   max_word = ""
6   for word in words:
7       if max_length < len(word):
8           max_length = len(word)
9           max_word = word
10  print(max_word)
```

【运行示例】

```
I am a student of Hangzhou Normal University.✓
University
I thought you'd kill me, but you didn't.✓
thought
```

第 3 行 split 方法通过正则表达式将输入的英文句子分解成单词存放在字符串列表 words 中。

第 6～9 行的 for 语句处理字符串列表 words，找出最长的单词。

如果一个正则表达式要多次重复使用，为了提高效率，可以预编译该正则表达式，后面重复使用时就不需要再编译该正则表达式，直接匹配。

re.compile(pattern, flags=0)

将正则表达式编译为正则表达式对象，使用该正则表达式对象的 match、search 等方法匹配字符串。

正则表达式对象的 match、search、fullmatch、findall、finditer 和 split 方法与 re 模块中的对应函数基本一致。

regex 是正则表达式对象；pos 和 endpos 是搜索范围，从 pos 搜索到 endpos – 1，pos 默认为 0，endpos 默认为字符串最后一个字符的下一个位置。

```
regex.match(string[, pos[, endpos]])
regex.search(string[, pos[, endpos]])
regex.fullmatch(string[, pos[, endpos]])
regex.findall(string[, pos[, endpos]])
regex.finditer(string[, pos[, endpos]])
regex.split(string, maxsplit=0)
```

例如：

```
>>> regex = re.compile(r"\d+")
>>> regex.split("C1C++2Java3Python4JavaScript", 2)
['C', 'C++', 'Java3Python4JavaScript']
>>> m = regex.fullmatch("Java12345Python", 4, 9)
>>> m.group()
'12345'
```

5.2　列　　表

5.2.1　列表的概念

某大学举行校园歌手大赛，邀请了 10 位评委来给选手打分。为保证评分的公正性，在计算每位选手的最后得分时，先去掉一个最高分和一个最低分，然后再计算平均分。要求编写程序，完成上述功能。在这个问题中，需要记录每个评委打出的分数。如果声明 10 个变量，就很不方便。经常会遇到类似的问题，程序往往需要存储和处理大量的数据。

列表可以用来存储和处理大量的数据。

在列表中，值可以是任何数据类型。列表中的值称为元素。因此，列表是一个元素序列，既可以包含同类型的元素也可以包含不同类型的元素。

列表中的每个元素都对应一个从 0 开始的顺序编号，该顺序编号称为下标。可以通过下标来访问列表中的某个元素。只有一个下标的列表称为一维列表，有两个或以上下标的列表称为多维列表。

列表的大小是可变的，可以根据元素的数量自动调整大小。

列表中的元素用逗号分隔并且由一对中括号（[]）括住。

```
>>> list1 = []
>>> list1
[]
>>> list2 = [1, 2, 3]
>>> list2
[1, 2, 3]
>>> list3 = ["red", "green", "blue"]
>>> list3
['red', 'green', 'blue']
>>> list4 = [2, "three", 4.5]
>>> list4
[2, 'three', 4.5]
```

```
>>> list5 = ["one", 2.0, 5, [100, 200]]
>>> list5
['one', 2.0, 5, [100, 200]]
```

一个不包含任何元素的列表称为空列表；可以用空的中括号（[]）创建一个空列表。

一个列表在另一个列表中，称为嵌套列表。

还可以使用 list 内置函数来创建列表。

```
>>> list1 = list()
>>> list1
[]
>>> list2 = list(range(1, 10))
>>> list2
[1, 2, 3, 4, 5, 6, 7, 8, 9]
>>> list3 = list("abcd")
>>> list3
['a', 'b', 'c', 'd']
```

list 函数将字符串分割成由单独的字符组成的字符列表。

还可以使用 random 模块中的 shuffle 函数随机排列列表中的元素。

```
>>> from random import shuffle
>>> lst = [1, 3, 5, 7, 9]
>>> shuffle(lst)
>>> lst
[9, 5, 7, 1, 3]
```

5.2.2 列表的基本操作

1. 通过下标访问列表中的元素

任何整数表达式都可以用作下标。通过：列表变量名[下标]或列表字面量[下标]，来访问列表中的元素。

```
>>> lst = [1, 3, 5, 7, 9]
>>> lst[0]
1
>>> lst[4]
9
>>> [1, 3, 5, 7, 9][2]
5
```

lst[0]是列表 lst 的第一个元素，而 lst[4]（即 lst[len(lst) – 1]）是列表 lst 的最后一个元素。

越界访问列表元素是常见的错误，如果试图读写一个不存在的元素，将会得到一个索引错误。

```
>>> lst[5]
IndexError: list index out of range
```

如果下标是负数，它将从列表的末端开始访问列表。

```
>>> lst = [1, 3, 5, 7, 9]
>>> lst[-1]
9
>>> lst[-1 + len(lst)]
```

```
9
>>> lst[-3]
5
>>> lst[-3 + len(lst)]
5
```

使用负数作为下标实际上是将列表长度和负数下标相加得到实际的位置。

列表是可变对象，可以直接修改列表中的元素值。

```
>>> lst[0] = 111
>>> lst
[111, 3, 5, 7, 9]
```

2. 通过切片操作获得列表的子列表

列表变量名[start:end:step]或列表字面量[start:end:step]，默认情况下 step 为 1，返回下标从 start 到 end-1 的元素构成的一个子列表。

```
>>> lst = [1, 2, 3, 4, 5, 6, 7, 8, 9, 10]
>>> lst
[1, 2, 3, 4, 5, 6, 7, 8, 9, 10]
>>> lst[2:4]
[3, 4]
>>> lst[0:10:2]
[1, 3, 5, 7, 9]
```

start 和 end 可以省略。若省略 start，start 默认为 0；若省略 end，end 默认为列表长度；若 start 和 end 都省略，则切片就是整个列表的一个副本。

```
>>> lst = [2, 4, 6, 8, 10]
>>> lst[:2]
[2, 4]
>>> lst[0:2]
[2, 4]
>>> lst[3:]
[8, 10]
>>> lst[3:len(lst)]
[8, 10]
>>> lst[:]
[2, 4, 6, 8, 10]
>>> lst[::2]
[2, 6, 10]
```

若 start 大于或等于 end，将返回一个空列表。若 end 指定了一个超出列表末尾的位置，将使用列表长度替代 end。

```
>>> lst = [2, 3, 5, 2, 33, 21]
>>> lst[3:3]
[]
>>> lst[2:10]
[5, 2, 33, 21]
>>> lst[2:len(lst)]
[5, 2, 33, 21]
```

切片也可以使用负数下标。

```
>>> lst = [2, 3, 5, 2, 33, 21]
>>> lst[1:-3]
[3, 5]
>>> lst[-4:-2]
[5, 2]
```

下面的切片操作将列表反转（逆序）。

```
>>> lst = [2, 3, 5, 2, 33, 21]
>>> lst
[2, 3, 5, 2, 33, 21]
>>> lst[::-1]
[21, 33, 2, 5, 3, 2]
```

切片操作放在赋值运算符的左边时，可以一次更新列表中的多个元素。

```
>>> lst = list("abcdef")
>>> lst
['a', 'b', 'c', 'd', 'e', 'f']
>>> lst[1:3] = ['x', 'y']
>>> lst
['a', 'x', 'y', 'd', 'e', 'f']
```

3. 运算符

使用+运算符来连接两个列表。

```
>>> lst1 = [1, 2, 3]
>>> lst2 = [4, 5, 6]
>>> lst = lst1 + lst2
>>> lst
[1, 2, 3, 4, 5, 6]
```

使用*运算符以给定的次数重复一个列表。

```
>>> [0] * 5
[0, 0, 0, 0, 0]
>>> 5 * [0]
[0, 0, 0, 0, 0]
>>> [1, 2, 3] * 2
[1, 2, 3, 1, 2, 3]
>>> 2 * [1, 2, 3]
[1, 2, 3, 1, 2, 3]
```

使用 in 或 not in 运算符来判断元素是否在列表中。

```
>>> lst = ["C++", "Java", "Python"]
>>> "Python" in lst
True
>>> "Java" not in lst
False
```

使用 is 或 is not 来判断两个列表是否是同一个对象。

```
>>> lst1 = ["C++", "Java", "Python"]
>>> lst2 = ["C++", "Java", "Python"]
```

```
>>> id(lst1)
2721481115464
>>> id(lst2)
2721470537160
>>> lst1 is lst2
False
```

可以使用关系运算符对列表进行比较。进行比较的两个列表必须包含相同类型的元素。对于字符串列表比较使用的是字典顺序。

```
>>> lst1 = [1, 2, 3, 7, 9, 0, 5]
>>> lst2 = [1, 3, 2, 7, 9, 0, 5]
>>> lst1 > lst2
False
>>> lst3 = ["red", "green", "blue"]
>>> lst4 = ["red", "blue", "green"]
>>> lst3 > lst4
True
```

4．遍历列表

最常用的遍历列表的方式是使用 for 语句。

例如：

```
lst = [2, 3, 5, 2, 33, 21]
for value in lst:
    print(value, end=' ')
```

输出：

```
2 3 5 2 33 21
```

如果只需要读取列表中的元素，这种方法已经足够了。

另一种常用的方法是使用 for 语句，结合内置函数 range 和 len，通过下标访问列表中的元素。

例如：

```
lst = [2, 3, 5, 2, 33, 21]
for i in range(len(lst)):
    print(lst[i], end=' ')
```

输出：

```
2 3 5 2 33 21
```

然而，如果想要写入或者更新列表中的元素，只能通过下标访问。

例如：

```
lst = [2, 3, 5, 2, 33, 21]
for i in range(len(lst)):
    lst[i] = lst[i] * 2
print(lst)
```

输出：

```
[4, 6, 10, 4, 66, 42]
```

这个循环将遍历列表并更新每个元素。每次循环中，i 得到下一个元素的下标。循环主体中的赋值语句使用 i 读取该元素的旧值，并赋予其一个新值。

尽管一个列表可以包含另一个列表，嵌套的列表本身还是被看作单个元素。下面这个列表的长度是 4。

```
lst = ["Hello", 1, ["Java", "Python", "C++"], [3, 4, 5]]
```

如果遍历列表时，既要输出元素又要输出该元素对应的下标，可以使用 enumerate 函数。在每次循环中，enumerate 函数返回的是一个包含两个元素（下标和元素值）的元组。

例如：

```
lst = [2, 3, 5, 2, 33, 21]
for index, value in enumerate(lst):
    print(index, value)
```

输出：

```
0 2
1 3
2 5
3 2
4 33
5 21
```

5. 列表解析

列表解析提供了一种创建列表的简洁方式。

一个列表解析由方括号组成。方括号内包含后跟一个 for 子句的表达式，之后是 0 或多个 for 子句或 if 子句。列表解析产生一个由表达式求值结果组成的列表。

```
[expr for iter_var in iterable]
```

首先循环 iterable 里所有内容，每一次循环，都把 iterable 里相应内容放到 iter_var 中，再在 expr 中应用该 iter_var 的内容，最后用 expr 的计算值生成一个列表。

```
[expr for iter_var in iterable if cond_expr]
```

加入了判断语句，只有满足条件的才把 iterable 里相应内容放到 iter_var 中，再在 expr 中应用该 iter_var 的内容，最后用 expr 的计算值生成一个列表。

例如：

```
lst1 = [value for value in range(0, 11, 2)]
print(lst1)
lst2 = [0.5 * value  for value in lst1]
print(lst2)
lst3 = [value for value in lst2 if value > 2.0]
print(lst3)
```

输出：

```
[0, 2, 4, 6, 8, 10]
[0.0, 1.0, 2.0, 3.0, 4.0, 5.0]
[3.0, 4.0, 5.0]
```

6. 向列表添加元素

lst.append(x)方法：将元素 x 添加到列表 lst 的末尾。等价于 lst[len(lst):]=[x]。

例如：

```
lst = ["C++", "Java", "Python"]
```

```
print(lst)
lst.append("C#")
print(lst)
lst[len(lst):] = ["JavaScript"]
print(lst)
```

输出：

```
['C++', 'Java', 'Python']
['C++', 'Java', 'Python', 'C#']
['C++', 'Java', 'Python', 'C#', 'JavaScript']
```

lst.extend(lst2)方法：将列表 lst2 的所有元素追加到列表 lst 的末尾。追加后，列表 lst2 的内容保持不变。等价于 lst[len(lst):]=lst2。

例如：

```
lst = ["C++", "Java", "Python"]
print(lst)
lst2 = ["C#", "JavaScript"]
print(lst2)
lst.extend(lst2)
print(lst)
print(lst2)
```

输出：

```
['C++', 'Java', 'Python']
['C#', 'JavaScript']
['C++', 'Java', 'Python', 'C#', 'JavaScript']
['C#', 'JavaScript']
```

lst.insert(index, x)方法：将元素 x 插入到列表 lst 中 index 下标处。

例如：

```
lst = [-22, 3, 45, 11, 62, 38]
print(lst)
lst.insert(0, 55)              # 在列表头部插入元素
lst.insert(len(lst), 985)      # 在列表尾部插入元素
print(lst)
lst.insert(10, 211)            # 插入位置超过最大下标值，在列表尾部插入元素
print(lst)
```

输出：

```
[-22, 3, 45, 11, 62, 38]
[55, -22, 3, 45, 11, 62, 38, 985]
[55, -22, 3, 45, 11, 62, 38, 985, 211]
```

7. 从列表删除元素

（1）lst.pop(index)方法：删除列表 lst 中 index 下标处的元素，并返回该元素。index 是可选的，若没有指定 index，则删除并返回回列表 lst 中的最后一个元素。

例如：

```
lst = [55, -22, 3, 45, 11, 62, 38, 985, 211]
print(lst)
```

```
x = lst.pop(1)
print(lst)
print(x)
x = lst.pop()
print(lst)
print(x)
```

输出：

```
[55, -22, 3, 45, 11, 62, 38, 985, 211]
[55, 3, 45, 11, 62, 38, 985, 211]
-22
[55, 3, 45, 11, 62, 38, 985]
211
```

（2）lst.remove(x)方法：删除列表 lst 中元素 x 的第一个匹配项，无返回值。若列表 lst 中元素 x 不存在，则抛出 ValueError 异常。

例如：

```
lst = [55, -22, 3, 45, 11, 62, 38, 985, 11]
print(lst)
lst.remove(11)
print(lst)
lst.remove(88)
print(lst)
```

输出：

```
[55, -22, 3, 45, 11, 62, 38, 985, 11]
[55, -22, 3, 45, 62, 38, 985, 11]
ValueError: list.remove(x): x not in list
```

（3）del 语句可以删除列表中一个或多个元素，或删除整个列表。

例如：

```
lst = ['a', 'b', 'c', 'd', 'e', 'f']
print(lst)
del lst[1]
print(lst)
del lst[1:4]
print(lst)
del lst            # 删除整个列表
print(lst)         # 错误，列表不存在了
```

输出：

```
['a', 'b', 'c', 'd', 'e', 'f']
['a', 'c', 'd', 'e', 'f']
['a', 'f']
NameError: name 'lst' is not defined
```

8. 其他常用列表方法

（1）lst.count(x)方法：返回元素 x 在列表中的出现次数。

```
>>> lst = [55, -22, 3, 45, 11, 62, 38, 985, 11]
>>> lst.count(11)
```

```
2
>>> lst.count(8)
0
```

（2）lst.index(x)方法：返回元素 x 在列表中第一次出现的位置下标。若列表 lst 中元素 x 不存在，则抛出 ValueError 异常。

```
>>> lst = [55, -22, 3, 45, 11, 62, 38, 985, 11]
>>> lst.index(11)
4
>>> lst.index(8)
ValueError: 8 is not in list
```

（3）lst.clear()方法：删除列表中的所有元素。

```
>>> lst = [55, -22, 3, 45, 11, 62, 38, 985, 11]
>>> lst.clear()
>>> lst
[]
```

9．逆序和排序列表

前面在讲切片操作时，提到 lst[::-1]可以将列表 lst 中的所有元素逆序。

使用 lst.reverse()方法，也可以将列表 lst 中的所有元素逆序。

```
>>> lst = [55, -22, 3, 45, 11, 62, 38, 985, 11]
>>> lst
[55, -22, 3, 45, 11, 62, 38, 985, 11]
>>> lst.reverse()
>>> lst
[11, 985, 38, 62, 11, 45, 3, -22, 55]
```

reversed(seq)函数是 Python 提供的内置函数。使用 reversed 函数可以将列表 seq 中的所有元素逆序，返回由逆序后的所有元素构成的一个可迭代对象，原列表 seq 保持不变。使用 list 函数可以将可迭代对象转换为一个列表并返回该列表。

```
>>> lst = [55, -22, 3, 45, 11, 62, 38, 985, 11]
>>> lst
[55, -22, 3, 45, 11, 62, 38, 985, 11]
>>> r_lst = reversed(lst)
>>> list(r_lst)
[11, 985, 38, 62, 11, 45, 3, -22, 55]
>>> lst
[55, -22, 3, 45, 11, 62, 38, 985, 11]
```

reverse 方法只能对列表进行逆序，reversed 函数则可以对列表、字符串、元组等进行逆序。

lst.sort(key=None, reverse=False)方法：对列表 lst 中的所有元素升序（默认）或降序（reverse 参数为 True）排序。

例如：

```
lst = [55, -22, 3, 45, 11, 62, 38, 985, 11]
print(lst)
lst.sort()                    # 升序排序
print(lst)
```

```
lst.sort(reverse=True)    # 降序排序
print(lst)
```
输出：
```
[55, -22, 3, 45, 11, 62, 38, 985, 11]
[-22, 3, 11, 11, 38, 45, 55, 62, 985]
[985, 62, 55, 45, 38, 11, 11, 3, -22]
```
若 key 参数为一个函数名，则按该函数指定的规则进行排序。

例如：
```
lst = ["C++", "Java", "Python", "C#", "JavaScript"]
print(lst)
lst.sort(key=len)
print(lst)
```
输出：
```
['C++', 'Java', 'Python', 'C#', 'JavaScript']
['C#', 'C++', 'Java', 'Python', 'JavaScript']
```
按字符串长度升序排序。len 是 Python 的内置函数。

sorted(seq,key=None, reverse=False)函数是 Python 提供的内置函数。使用 sorted 函数可以将列表 seq 中的所有元素升序（默认）或降序（reverse 参数为 True）排序。若 key 参数为一个函数名，则按该函数指定的规则进行排序。返回由排序后的所有元素构成的一个列表，原列表 seq 保持不变。

例如：
```
lst = ["C++", "Java", "Python", "C#", "JavaScript"]
print(lst)
print(sorted(lst))
print(sorted(lst, reverse=True))
print(sorted(lst, key=len))
print(lst)
```
输出：
```
['C++', 'Java', 'Python', 'C#', 'JavaScript']
['C#', 'C++', 'Java', 'JavaScript', 'Python']
['Python', 'JavaScript', 'Java', 'C++', 'C#']
['C#', 'C++', 'Java', 'Python', 'JavaScript']
['C++', 'Java', 'Python', 'C#', 'JavaScript']
```
sort 方法只能对列表进行排序，sorted 函数则可以对列表、字符串、元组等进行排序。

【例 5.3】一组数据按从小到大的顺序依次排列，位于中间位置的一个数或位于中间位置的两个数的平均值被为中位数。如果这组数的个数为奇数，则中位数是位于中间位置的数；如果这组数的个数为偶数，则中位数是位于中间位置的两个数的平均值。

编写程序，给出一组无序整数，求出中位数。如果求中间位置的两个数的平均值，向下取整即可。

```
1   line = input().split()
2   lst = [eval(value) for value in line]
3   lst.sort()
```

```
4    n = len(lst)
5    if n % 2 == 0:
6        print((lst[n // 2 - 1] + lst[n // 2]) // 2)
7    else:
8        print(lst[n // 2])
```

【运行示例】

```
10 30 20 40↙
25
40 30 50↙
40
```

第 2 行，通过列表解析，将数据存放在 lst 列表中。

第 3 行对 lst 列表升序排序。

第 5～8 行 if 语句。若 lst 列表长度是偶数，第 6 行输出 lst 列表位于中间位置的两个数的平均值。若 lst 列表长度是奇数，第 8 行输出 lst 列表中间位置的数。

5.2.3　复制列表

变量和对象之间的关联称为引用。

当创建一个对象后并把它赋给一个变量，这就建立了变量对对象的引用；若再将变量赋给另一个变量，这就建立了第二个变量对对象的引用。两个变量共享引用同一个对象。

```
>>> a = [1, 2]
>>> b = [3, 4, 5]
>>> id(a)
1200847987144
>>> id(b)
1200847987528
>>> b = a
>>> id(b)
1200847987144
>>> a is b
True
```

如图 5.2 所示，b=a 之后，b 之前指向的列表将不再被引用，它就变成了垃圾，所占用的内存空间将由 Python 自动回收并重新使用。

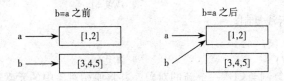

图 5.2　复制列表

如果一个对象有多个引用，那它也会有多个名称，称这个对象是有别名的。如果一个有别名的对象是可变的，对其中一个别名的改变会影响到其他别名。

```
>>> a = [1, 2, 3, 4]
>>> b = a
```

```
>>> a is b
True
>>> a
[1, 2, 3, 4]
>>> b
[1, 2, 3, 4]
>>> a[0] = 111
>>> a
[111, 2, 3, 4]
>>> b
[111, 2, 3, 4]
```

因此，两（多）个变量共享引用同一个对象会引发关联性问题，容易导致出现错误。通常，对于可变对象，要尽量避免使用别名。对于像字符串这样的不可变对象，使用别名没有什么问题。

为了避免可变对象之间使用=赋值存在的关联性问题。可以通过下面任意一种方法进行"浅复制"。

使用列表解析进行浅复制。

```
>>> a = [1, 2, [3, 4]]
>>> b = [value for value in a]        # 浅复制
>>> a is b
False
>>> a[0] = 111                        # 更改列表 a 首元素的值
>>> a
[111, 2, [3, 4]]
>>> b                                 # 对列表 b 没有任何影响
[1, 2, [3, 4]]
```

使用运算符+与空列表连接进行浅复制。

```
>>> a = [1, 2, [3, 4]]
>>> b = [] + a                        # 浅复制
```

使用 list 函数进行浅复制。

```
>>> a = [1, 2, [3, 4]]
>>> b = list(a)                       # 浅复制
```

使用列表切片操作进行浅复制。

```
>>> a = [1, 2, [3, 4]]
>>> b = a[:]                          # 浅复制
```

使用 copy 方法进行浅复制。

```
>>> a = [1, 2, [3, 4]]
>>> b = a.copy()                      # 浅复制
```

如图 5.3 所示，浅复制会创建一个新的对象，并将原始对象中的元素逐个复制过去。

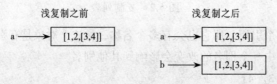

图 5.3 "浅复制"列表

浅复制存在的问题。

```
>>> a = [1, 2, [3, 4]]
>>> b = a[:]                # 浅复制
>>> a[2][0] = 777           # 更改列表 a 中嵌套列表的首元素值
>>> a
[1, 2, [777, 4]]
>>> b                       # 对列表 b 有影响
[1, 2, [777, 4]]
```

这里将列表 a 第 2 个元素的第 0 个元素值由 3 改为 777，列表 b 发生了关联性变动。

借助于 copy 模块中的 deepcopy 方法，实现"深复制"，可以避免浅复制存在的问题。

```
>>> from copy import deepcopy
>>> a = [1, 2, [3, 4]]
>>> b = deepcopy(a)         # 深复制
>>> a[2][0] = 777           # 更改列表 a 中嵌套列表的首元素值
>>> a
[1, 2, [777, 4]]
>>> b                       # 对列表 b 无影响
[1, 2, [3, 4]]
```

5.2.4　列表和函数

将一个列表作为实参传递给一个函数，函数将得到这个列表的一个引用。由于列表是可变对象，如果函数对这个列表进行了修改，那么这个列表的内容会在函数调用后改变。

例如：

```
def delete_list_head(lst):
    del lst[0]


digits = [1, 2, 3]
delete_list_head(digits)
print(digits)
```

输出：

```
[2, 3]
```

形参 lst 和实参 digits 是同一个对象的别名。

需要注意的是修改列表操作和创建列表操作之间的区别。如果要编写一个修改列表的函数，这一点就很重要。

例如：

```
def delete_list_head(lst):
    lst = lst[1:]


digits = [1, 2, 3]
delete_list_head(digits)
print(digits)
```

输出：

```
[1, 2, 3]
```

在 delete_list_head 函数的开始处，形参 lst 和实参 digits 指向同一个列表。切片操作 lst[1:]创建了一个新列表，lst 指向该新列表，但是 digits 仍然指向原来的列表。

函数可以返回一个列表。当函数返回一个列表时，实际返回的是该列表的引用。

例如：

```python
def delete_list_head(lst):
    return lst[1:]       # 创建并返回一个新列表

digits = [1, 2, 3]
rest = delete_list_head(digits)
print(rest)
```

输出：

```
[2, 3]
```

当函数的默认参数是一个列表时，需要特别注意如下问题。

例如：

```python
def add_element(value, lst=[]):
    if value not in lst:
        lst.append(value)
    return lst

def main():
    print(add_element(1))
    print(add_element(2))
    print(add_element(3, [-1, -2, -3, -4]))
    print(add_element(4))

main()
```

输出：

```
[1]
[1, 2]
[-1, -2, -3, -4, 3]
[1, 2, 4]
```

第一次调用 add_element 函数，参数 lst 使用默认值[]，这个默认值只会被创建一次。1 添加到 lst 中，lst 为[1]。

第二次调用 add_element 函数，参数 lst 使用默认值[1]而不是[]，2 添加到 lst 中，lst 为[1, 2]。

第三次调用 add_element 函数，给出了列表实参，参数 lst 是[-1, -2, -3, -4]而不是默认值[1, 2]，3 添加到 lst 中，lst 为[-1, -2, -3, -4, 3]

第四次调用 add_element 函数，参数 lst 使用默认值[1, 2] 而不是[]，4 添加到 lst 中，lst 为[1, 2, 4]。

如果想要在每次 add_element 函数调用时，参数 lst 的默认值都是[]，可以使用 None 作为默认参数。

例如：

```python
def add_element(value, lst=None):
```

```
    if not lst:
        lst = []
    if value not in lst:
        lst.append(value)
    return lst

def main():
    print(add_element(1))
    print(add_element(2))
    print(add_element(3, [-1, -2, -3, -4]))
    print(add_element(4))

main()
```

输出：

```
[1]
[2]
[-1, -2, -3, -4, 3]
[4]
```

每次调用 add_element 函数且没有给定列表实参时，都会使用默认值[]。如果调用 add_element 函数时给定了列表实参，就不会使用默认参数。

5.2.5　二维列表

二维列表，即列表中的每个元素又是另一个列表，因此也可以认为是嵌套列表。

```
>>> multilist = [
        [1, 2, 3],
        [4, 5, 6],
        [7, 8, 9]
    ]
>>> multilist
[[1, 2, 3], [4, 5, 6], [7, 8, 9]]
```

multilist 是 3 行 3 列的二维列表。

二维列表可以理解为一个由行组成的列表。二维列表中的每个值都可以用"列表变量名[行下标][列下标]"来访问。注意：行下标和列下标都是从 0 开始。

```
>>> multilist[0]        # 二维列表第 1 行
[1, 2, 3]
>>> multilist[1]        # 二维列表第 2 行
[4, 5, 6]
>>> multilist[2]        # 二维列表第 3 行
[7, 8, 9]
>>> multilist[0][0]     # 二维列表首元素的值
1
>>> multilist[2][2]     # 二维列表末元素的值
9
```

也可以使用如下方法初始化二维列表。

```
>>> multilist = [[0 for column in range(3)] for row in range(4)]
>>> multilist
[[0, 0, 0], [0, 0, 0], [0, 0, 0], [0, 0, 0]]
```
multilist 是 4 行 3 列的二维列表。

【例 5.4】编写程序，创建一个二维列表，元素值是随机的两位正整数，输出该二维列表以及所有元素的和。

```
1   m = []
2   rows = eval(input("请输入二维列表的行数: "))
3   columns = eval(input("请输入二维列表的列数: "))
4   for row in range(rows):
5       m.append([])
6       line = [eval(value) for value in input().split()]
7       for column in range(columns):
8           m[row].append(line[column])
9   for row in m:
10      for value in row:
11          print(value, end = ' ')
12      print()
13  total = 0
14  for row in m:
15      total += sum(row)
16  print(total)
```

【运行示例】
请输入二维列表的行数: 3↙
请输入二维列表的列数: 3↙
1 2 3↙
4 5 6↙
7 8 9↙
1 2 3
4 5 6
7 8 9
45

第 1 行，创建了一个空列表。

第 4~8 行，构建一个 rows 行 columns 列的二维列表。第 5 行，构建每一行，初始为空行；第 6 行，得到键盘上输入的每一行值（值之间以空格间隔），列表解析为数值列表；第 8 行，将数值列表中的每一个元素追加到行（初始为空行）中。

第 9~12 行，使用 for 语句，通过两重循环输出二维列表。第 9 行，得到二维列表中的每一行；第 10 行，得到二维列表每一行中每一列的值；第 12 行，输出一行后换行。

第 13~16 行，求二维列表所有元素的和并输出。第 14 行，得到二维列表中的每一行；第 15 行，使用内置函数 sum 求出每一行的和，累加至 total 中。

可以使用 sort 方法或 sorted 函数对二维列表进行排序。按行排序，即按每一行的第一个元素进行排序；对于第一个元素相同的行，则按它们的第二个元素进行排序；若行中第一个元素和第二个元素都相同，则按它们的第三个元素进行排序，依此类推。

```
>>> multilist = [[4, 2, 1], [1, 6, 7], [4, 5, 6], [1, 2, 3], [4, 2, 8]]
>>> multilist.sort()
>>> multilist
[[1, 2, 3], [1, 6, 7], [4, 2, 1], [4, 2, 8], [4, 5, 6]]
```

5.3　元　　组

5.3.1　元组的概念

元组其实是受限的列表。

在元组中，值可以是任何数据类型。元组中的值称为元素。因此，元组是一个元素序列，既可以包含同类型的元素也可以包含不同类型的元素。

元组中的每个元素都对应一个从 0 开始的顺序编号，该顺序编号称为下标。可以通过下标来访问元组中的某个元素。

元组和列表最大的区别：元组是不可变对象，不可以直接修改元组中的元素值，也没有增加和删除元素操作。

元组的优点：占用的内存空间较小；不会意外修改元组的值；比列表操作速度快；可以作为字典的键。

元组中的元素用逗号分隔并且由一对圆括号括住。

```
>>> t1 = ()
>>> t1
()
>>> t2 = (1, 2, 3)
>>> t2
(1, 2, 3)
>>> t3 = ("red", "green", "blue")
>>> t3
('red', 'green', 'blue')
>>> t4 = (2, "three", 4.5)
>>> t4
(2, 'three', 4.5)
>>> t5 = ("one", 2.0, 5, (100, 200))
>>> t5
('one', 2.0, 5, (100, 200))
```

一个不包含任何元素的元组称为空元组；可以用空的圆括号创建一个空元组。

一个元组在另一个元组中，称为嵌套元组。

创建只有一个元素的元组时，要在元素后面加上一个逗号，否则创建的不是元组。

```
>>> t1 = (1)     # 整数
>>> t1
1
>>> type(t1)
<class 'int'>
>>> t2 = (1,)    # 元组
```

```
>>> t2
(1,)
>>> type(t2)
<class 'tuple'>
```
另一个创建元组的方法是使用 tuple 内置函数。
```
>>> t1 = tuple()
>>> t1
()
>>> t2 = tuple(range(1, 10))
>>> t2
(1, 2, 3, 4, 5, 6, 7, 8, 9)
>>> t3 = tuple("abcd")
>>> t3
('a', 'b', 'c', 'd')
>>> t4 = tuple([value for value in range(1, 10, 2)])
>>> t4
(1, 3, 5, 7, 9)
```
tuple 函数将字符串分割成由单独的字符组成的字符元组。

5.3.2　元组的基本操作

（1）使用 reversed 函数可以将元组中的所有元素逆序；使用 sorted 函数可以将元组 seq 中的所有元素排序。

（2）通过下标可以访问元组中的元素。通过切片操作可以获得元组的子元组。

（3）使用+运算符可以连接两个元组。使用*运算符可以以给定的次数重复一个元组。使用 in 或 not in 运算符可以判断元素是否在元组中。使用 is 或 is not 可以判断两个元组是否是同一个对象。可以使用关系运算符对元组进行比较。进行比较的两个元组必须包含相同类型的元素。对于字符串元组比较使用的是字典顺序。

（4）可以使用 for 语句遍历元组中的元素。也可以使用 for 语句，并结合内置函数 range 和 len，通过下标访问元组中的元素。

例如：
```
t1 = (55, -22, 3, 45, 11, 62, 38, 985, 211)
t2 = ("C++", "Java", "Python")
t3 = ("C++", "Java", "Python")
print(t1)
print(tuple(reversed(t1)))
print(tuple(sorted(t1, reverse=True)))
print(t1[0])
print(t1[-1])
print(t1[3:6])
print(t1 + t2)
print(2 * t2)
print("C#" in t2)
print(t2 is t3)
```

```
print(t2 == t3)
for value in t1:
        print(value, end=' ')
```
输出：
```
(55, -22, 3, 45, 11, 62, 38, 985, 211)
(211, 985, 38, 62, 11, 45, 3, -22, 55)
(985, 211, 62, 55, 45, 38, 11, 3, -22)
55
211
(45, 11, 62)
(55, -22, 3, 45, 11, 62, 38, 985, 211, 'C++', 'Java', 'Python')
('C++', 'Java', 'Python', 'C++', 'Java', 'Python')
False
False
True
55 -22 3 45 11 62 38 985 211
```
如果遍历元组时，既要输出元素又要输出该元素对应的下标，那么可以使用 enumerate 函数。在每次循环中，enumerate 函数返回的是一个包含两个元素（下标和元素值）的元组。

例如：
```
t = ("C++", "Java", "Python")
for index, value in enumerate(t):
        print(index, value)
```
输出：
```
0 C++
1 Java
2 Python
```
t.count(x)方法：返回元素 x 在元组中的出现次数。

t.index(x)方法：返回元素 x 在元组中第一次出现的位置下标。若元组 t 中元素 x 不存在，则抛出 ValueError 异常。
```
>>> t = (55, -22, 3, 45, 11, 62, 38, 985, 11)
>>> t.count(11)
2
>>> t.index(11)
4
```
zip(*iterables)是内置函数，接收一个或多个序列作为参数，将序列中对应的元素打包成元组，然后返回由这些元组组成的可迭代对象。使用 tuple 函数将可迭代对象转换为一个元组并返回该元组，也可以使用 list 函数将可迭代对象转换为一个列表并返回该列表。
```
>>> x = [1, 2, 3]
>>> z = zip(x)
>>> tuple(z)
((1,), (2,), (3,))
```
若作为参数传入的各序列长度不相同，返回的可迭代对象的长度与参数中长度最短的序列相同。

例如：

```
x = [1, 2, 3]
y = "abcdef"
z = zip(x, y)
for i in z:
        print(i)
```

输出：

```
(1, 'a')
(2, 'b')
(3, 'c')
```

del 语句可以删除整个元组。

```
>>> t = ('a', 'b', 'c')
>>> t
('a', 'b', 'c')
>>> del t
>>> t
NameError: name 't' is not defined
```

尽管一个元组可以包含另一个元组，嵌套的元组本身还是被看作单个元素。下面这个元组的长度是 4。

```
t = ("Hello", 1, ("Java", "Python", "C++"), (3, 4, 5))
```

如果元组中的元素是可变对象，这样的可变对象是可以修改的。从某种意义上讲，这也改变了元组。

```
>>> t = ("Python", 4.5, [1, 2, 3, 4])
>>> t
('Python', 4.5, [1, 2, 3, 4])
>>> t[2][0] = '111'
>>> t
('Python', 4.5, ['111', 2, 3, 4])
```

5.4　排序和查找

5.4.1　排序

排序就是给列表中的元素按值从小到大（升序）或从大到小（降序）的顺序重新存放的过程。虽然 Python 提供了 sort 方法和 sorted 函数，但了解和掌握排序的具体实现过程还是颇有益处的，这里介绍一种常见的排序算法：冒泡排序（Bubble Sort）。

假设被排序的列表垂直竖立，将列表中的每个元素看作有质量的气泡，根据轻气泡（小数）不能在重气泡（大数）之下的原则，扫描列表，凡扫描到违反本原则的轻气泡，就使其向上"漂浮"，如此反复进行多趟扫描，直至最后任何两个气泡都是轻者在上，重者在下为止。由于在排序过程中总是轻气泡往前放，重气泡往后放，相当于气泡往上升，所以称作冒泡排序。

对含有 n 个元素的列表进行冒泡排序，要作 $n-1$ 趟扫描。

图 5.4 显示了用冒泡排序算法对列表 list 进行升序排序的过程。图中，实线箭头表示交换数据，

虚线箭头表示没有交换数据。假设列表 list 中的值为{7, 6, 8, 5}。

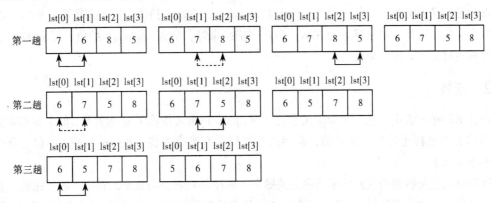

图 5.4　冒泡排序算法排序过程

第一趟扫描：首先比较第 1 个数和第 2 个数，将小数放前，大数放后。然后比较第 2 个数和第 3 个数，将小数放前，大数放后，如此继续，直至比较最后两个数，将小数放前，大数放后，至此第一趟扫描结束，将最大的数放到了列表最后一个位置上。

第二趟扫描：首先比较第 1 个数和第 2 个数（因为可能由于前一趟扫描中第 2 个数和第 3 个数的交换，使得第 1 个数不再小于第 2 个数），将小数放前，大数放后，一直比较到倒数第 2 个数（列表最后一个位置上已经存放了最大数），至此第二趟扫描结束，将次大的数放到了列表倒数第二的位置上。如此下去，重复以上过程，直至最终完成排序。

【例 5.5】编写程序，演示冒泡排序。

```
1   def bubble_sort(lst):
2       for i in range(1, len(lst)):
3           exchange = False
4           for j in range(0, len(lst) - i):
5               if lst[j] > lst[j + 1]:
6                   lst[j], lst[j + 1] = lst[j + 1], lst[j]
7                   exchange = True
8           if not exchange:
9               break
10  def main():
11      lst = [2, 6, 4, 8, 10, 12, 89, 68, 45, 37]
12      print("排序前:", lst)
13      bubble_sort(lst)
14      print("排序后:", lst)
15  main()
```

【运行示例】

排序前: [2, 6, 4, 8, 10, 12, 89, 68, 45, 37]
排序后: [2, 4, 6, 8, 10, 12, 37, 45, 68, 89]

第 1～9 行是冒泡排序 bubble_sort 函数。参数 lst 是需要升序排序的列表。排序过程是用两重 for 循环完成的，对有 len(lst)个元素的列表，一共进行 len(lst)-1 趟扫描（i 从 1 到 len(lst)-1）；每趟扫描要进行 len(lst)-i 次比较（j 从 0 到 len(lst)-i-1）。每次比较，若 lst[j]>lst[j+1]，则交换 lst[j]

和 lst[j+1]。在冒泡排序过程中，若某趟扫描未发生交换，说明列表实际上已排好序了，排序过程应该在此趟扫描后终止。为此，引入一个标志 exchange，在每趟扫描前，先将其置为 False。若排序过程中发生了交换，则将其置为 True。每趟扫描结束时，检查 exchange 的值，若为 False，说明未曾发生过交换，则结束排序。

5.4.2　查找

查找就是在列表中寻找一个指定元素的过程。虽然 Python 提供了 in 运算符，但了解和掌握查找的具体实现过程还是颇有益处的，常用的查找算法有顺序查找（Linear Search）和二分查找（Binary Search）。

顺序查找就是将要查找的元素（称为关键字）顺序与列表中的每个元素一一进行比较，直至关键字与列表某个元素匹配；或者与所有列表元素都比较完毕，未找到与关键字匹配的列表元素。

【例 5.6】编写程序，演示顺序查找。

```
1   def linear_search(key, lst):
2       for i in range(len(lst)):
3           if key == lst[i]:
4               return i
5       return -1
6   def main():
7       lst = [eval(x) for x in input().split()]
8       key = eval(input("输入需要查找的值: "))
9       index = linear_search(key, lst)
10      if index == -1:
11          print("查找失败!")
12      else:
13          print("查找成功:", key, "位于列表下标", index, "位置")
14  main()
```

【运行示例】

```
1 4 4 2 5 -3 6 2 7 -8↙
输入需要查找的值: 4↙
查找成功: 4 位于列表下标 1 位置
1 4 4 2 5 -3 6 2 7 -8↙
输入需要查找的值: -4↙
查找失败!
```

第 1～5 行是顺序查找 linear_search 函数。参数 key 是需要查找的关键字，参数 lst 是被查找的列表。将关键字 key 与列表 lst 中的每个元素一一进行比较，如果找到匹配者，返回与关键字匹配的第一个列表元素的下标；如果未找到匹配者，返回 -1。

顺序查找的优点是列表中元素排列顺序可以是任意的，缺点是查找时间随着列表中元素数目的增长而线性增长，对于大列表查找效率不高。

二分查找又称折半查找，对于大列表查找效率高，但列表中元素必须排序存放。

假设列表中的元素按升序存放。将关键字与列表的中间元素进行比较，比较结果有 3 种情况：

（1）如果关键字小于中间元素，则在列表的前半部分（小于中间元素的那一半中）进行查找，且从该部分列表的中间元素开始比较。

（2）如果关键字与中间元素相等，则查找结束，找到匹配的列表元素。

（3）如果关键字大于中间元素，则在列表的后半部分（大于中间元素的那一半中）进行查找，且从该部分列表的中间元素开始比较。

每经过一次查找，二分查找算法会将查找范围缩小一半。假设列表元素个数为 n（不妨假设 n 是 2 的幂），第一次比较后，剩下 $n/2$ 个元素需要继续查找；第二次比较后，只剩下 $(n/2)/2$ 个元素需要继续查找；第 k 次比较后，剩下 $n/2^k$ 个元素需要继续查找。当 $k=\log_2 n$ 时，只剩下一个元素了，只需再进行一次比较。因此，二分查找最坏情况下需要 $\log_2 n+1$ 次比较。对于一个有 1 024 个元素的数组，最坏情况下（要查找的元素位于列表最后），顺序查找需要比较 1 024 次，而二分查找只需比较 11 次。

用 low 和 high 分别表示当前要查找的列表的首下标和尾下标，low 的初始值为 0，high 的初始值为列表长度减 1；用 mid 表示列表中间元素的下标，mid 的值为(low+high)/2。图 5.5 显示了如何用二分查找算法在列表 lst 中查找关键字 11 的过程。

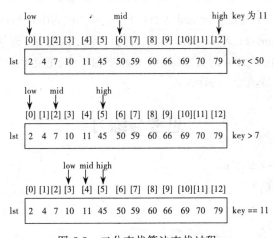

图 5.5 二分查找算法查找过程

【例 5.7】编写程序，演示二分查找。

```
1   def binary_search(key, lst):
2       low = 0
3       high = len(lst) - 1
4       while low <= high:
5           mid = low + (high - low) // 2
6           if key < lst[mid]:
7               high = mid - 1
8           elif key == lst[mid]:
9               return mid
10          else:
11              low = mid + 1
12      return -1
13  def main():
14      lst = [eval(x) for x in input().split()]
```

```
15      key = eval(input("输入需要查找的值: "))
16      index = binary_search(key, lst)
17      if index == -1:
18          print("查找失败!")
19      else:
20          print("查找成功:", key, "位于列表下标", index, "位置")
21  main()
```

【运行示例】

2 4 7 10 11 45 50 59 60 66 69 70 70✓
输入需要查找的值: 11✓
查找成功: 11 位于数组下标 4 位置
2 4 7 10 11 45 50 59 60 66 69 70 70✓
输入需要查找的值: 12✓
查找失败!

第 1～12 行是二分查找 binary_search 函数。参数 key 是需要查找的关键字,参数 lst 是被查找的已排序列表。一开始将 key 与要查找的列表 lst 的首下标 low(初始值为 0)和尾下标 high(初始值为 len(lst)−1)之间的中间元素 lst[mid] 进行比较,mid 的值为(low+high)/2。若 key<lst[mid],low 的值不变,high 的值为 mid−1;若 key==lst[mid],表明找到了匹配者,返回与关键字匹配的列表元素的下标 mid;若 key>lst[mid],low 的值为 mid+1,high 的值不变;重复上述查找过程,直至 low>high。若 low>high,表明未找到匹配者,返回−1。

思考与练习

1. 写出下列程序的输出结果。

```
x = "university"
print(x[0:4])
print(x[-5:-3])
print(x[-5:-2])
print(x[5:0:-2])
```

2. 写出下列程序的输出结果。

```
my_str = "Hello"
print(my_str.islower())
print(my_str.lower())
print(my_str.isupper())
print(my_str.upper())
print(my_str.swapcase())
print("computer science engineering".title())
```

3. 写出下列程序的输出结果。

```
print("hello".isalpha())
print("CSE-1001".isalnum())
print("bird".endswith("ir"))
print("abcdef".find('e'))
```

```
print("knickknack".rfind('k', 3, -2))
print("Mississippi".replace('i', 'z', 2))
print("university".index("iv"))
print("this is a test".count('s', 5))
```

4. 写出下列程序的输出结果。

```
print("test".center(10, 'x'))
print("Hello".ljust(7, 'x'))
print("Hello".rjust(8, 'A'))
print("oops too".strip('o'))
print("oops too".lstrip('o'))
print("oops too".rstrip('o'))
print("test".join(['A', 'B', 'C']))
print("Computer science".split ('e'))
```

5. 写出下列程序的输出结果。

```
my_list = [5, "old", "new", 8, "time", 2]
print(my_list[0])
print(my_list[2])
print(my_list[4])
print(my_list[-1])
print(my_list[-5])
print(my_list[6])
```

6. 写出下列程序的输出结果。

```
my_list = ["pet", 12, "cat", 4.3, "dog", 46]
print(my_list[0:1])
print(my_list[1:3])
print(my_list[3:2])
print(my_list[0:-2])
print(my_list[3:-3])
```

7. 写出下列程序的输出结果。

```
my_list = ["Python", 3.4, 54, "Java", 82, 'C', 7.4]
print(my_list[0:6:2])
print(my_list[6:0:-2])
print(my_list[-1:0:-1])
print(my_list[:3])
print(my_list[2:])
print(my_list[2::3])
print(my_list[::])
```

8. 写出下列程序的输出结果。

```
x = [5, 'dog']
y = ['cat', 3.5]
print(x + y)
print(3 * x)
```

```
print(x + 2 * y)
```

9. 写出下列程序的输出结果。

```
my_list = [3, "dog", 9, "cat"]
print(len(my_list))
print(my_list.count("dog"))
print(my_list.index('cat'))
my_list.append("dog")
my_list.insert(1, [6, 9])
my_list.remove(3)
my_list.pop()
del my_list[0]
print(my_list)
my_list.extend([7,8])
print(my_list)
```

10. 写出下列程序的输出结果。

```
a = 8
b = 3
c = 2
my_tuple = a, b, c
print(my_tuple)
```

编 程 题

1. 脱氧核糖核酸（DNA）由两条互补碱基链以双螺旋的方式结合而成。而构成 DNA 的碱基共有 4 种，分别为腺嘌呤（A）、鸟嘌呤（G）、胸腺嘧啶（T）和胞嘧啶（C）。在两条互补碱基链的对应位置上，腺嘌呤总是和胸腺嘧啶配对，鸟嘌呤总是和胞嘧啶配对。编写程序，根据一条单链上的碱基序列，给出对应的互补链上的碱基序列。

输入：第一行是一个正整数 n，表明共有 n 条要求解的碱基链。以下共有 n 行，每行用一个字符串表示一条碱基链。这个字符串只含有大写字母 A、T、G、C，分别表示腺嘌呤、胸腺嘧啶、鸟嘌呤和胞嘧啶。每条碱基链的长度都不超过 255。

输出：共有 n 行，每行为一个只含有大写字母 A、T、G、C 的字符串。分别为与输入的各碱基链互补的碱基链。

【运行示例】

```
5✓
ATATGGATGGTGTTTGGCTCTG✓
TCTCCGGTTGATT✓
ATATCTTGCGCTCTTGATTCGCATATTCT✓
GCGTTTCGTTGCAA✓
TTAACGCACAACCTAGACTT✓
TATACCTACCACAAACCGAGAC
AGAGGCCAACTAA
```

TATAGAACGCGAGAACTAAGCGTATAAGA

CGCAAAGCAACGTT

AATTGCGTGTTGGATCTGAA

2. 编写程序，输入一个字符串，统计并输出该字符串中 26 个英文字母（不区分大小写）出现的次数。

【运行示例】

请输入一个字符串：I am a student.↙

a:2

d:1

e:1

i:1

m:1

n:1

s:1

t:2

u:1

3. 编写程序，输入 5 个字符串，输出其中最大的字符串（按照字典顺序）。

【运行示例】

请输入字符串 1：red↙

请输入字符串 2：blue↙

请输入字符串 3：yellow↙

请输入字符串 4：green↙

请输入字符串 5：purple↙

最大的字符串：yellow

4. 编写程序，定义和调用函数 def is_anagram(str1, str2)，检查两个单词是否是字母易位词，如果是，返回 True；否则返回 False。

两个单词如果包含相同的字母，次序不同，则称为字母易位词（anagram）。例如，silent 和 listen 是字母易位词。

【运行示例】

请输入单词 1：silent↙

请输入单词 2：listen↙

字母易位词

请输入单词 1：split↙

请输入单词 2：lisp↙

非字母易位词

5. 编写程序，从键盘输入 10 个整数，存放在列表中，输出最大值、最小值及它们所在的下标。

【运行示例】

请输入 10 个整数：1 3 5 7 9 6 0 8 2 4↙

9 4

0 6

6. 给定 n（$1<n<100$）个正整数，其中每个数都是大于等于 1、小于等于 10 的数。编写程序，计算给定的 n 个正整数中，1、5 和 10 出现的次数。输入有一行：包含 n 个正整数，每两个正整数用一个空格分开。输出有三行，第一行为 1 出现的次数，第二行为 5 出现的次数，第三行为 10 出现的次数。

【运行示例】

```
1 5 8 10 5↙
1
2
1
```

7. 给定一组整数，要求利用列表把这组数保存起来，再实现对列表中的数循环移动。假定共有 n 个整数，则要使前面各数顺序向后移 m 个位置，并使最后 m 个数变为最前面的 m 个数。要求只能用一个列表的方式实现，一定要保证在输出结果时，输出的顺序和列表中数的顺序是一致的。

输入有两行：第一行包含正整数 m；第二行包含 n 个整数，每两个整数之间用一个空格分开。

输出有一行：顺序输出经过循环移动后列表中的整数，整数之间用空格分开。

【运行示例】

```
4↙
15 3 76 67 84 87 13 67 45 34 45↙
67 45 34 45 15 3 76 67 84 87 13
```

8. 编写程序，输入 k，然后接着输入 n 个整数（无序的），找出第 k 大的数。注意：第 k 大的数意味着从大到小排在第 k 位的数。

输入有两行：第一行包含一个正整数 k；第二行包含 n 个整数，每两个整数之间用一个空格分开。

输出有一行：第 k 大的数。

【运行示例】

```
2↙
32 3 12 5 89↙
32
```

9. 在一个长度为 n（$n<1000$）的整数序列中，判断是否存在某两个元素之和为 k。

输入有两行：第一行包含整数 k；第二行包含 n 个整数，每两个整数之间用一个空格分开。

输出有一行，如果存在某两个元素的和为 k，则输出 Yes，否则输出 No。

【运行示例】

```
10↙
1 2 3 4 5 6 7 8 9↙
Yes
```

10. 输入一个整数二维列表，计算位于二维列表边缘的元素之和。所谓二维列表边缘的元素，就是第一行和最后一行的元素以及第一列和最后一列的元素。

输入：第一行为整数 k，表示有 k 组数据。每组数据有多行组成，表示一个二维列表：第一行分别为矩阵的行数 m 和列数 n（$m<100$，$n<100$），两者之间以一个空格分开。接下来输入的 m 行数据中，每行包含 n 个整数，整数之间以一个空格分开。

输出：对应二维列表的边缘元素和，一个一行。

【运行示例】

2↙
4 4↙
1 1 1 1↙
0 0 0 0↙
1 0 1 0↙
0 0 0 0↙
3 3↙
3 4 1↙
3 7 1↙
2 0 1↙
5
15

第 *6* 章 字典和集合

在许多情况下，程序往往需要保存一批数据。列表可以用来存储一批数据，其中每个元素都有对应的整数下标位置。因此列表可以被视为从整数下标到元素的有穷映射，给定一个整数下标，就能找到关联的数据。这种将数据关联于整数下标的映射关系不够灵活，程序经常需要将数据与非整数下标关联起来。字典可以看作列表的推广，它允许数据与任何不可变对象下标关联起来，以便更方便地保存和处理数据。

集合也可以用来存储一批数据。在某些方面，集合比列表的运算效率要高。

第 2 章中对字典进行了简单介绍。本章将更深入地讨论字典并详细介绍集合。

6.1　字　　典

6.1.1　字典的概念

字典是存储键/值对数据的映射类型。

字典中的每个元素是一个键/值对，元素之间没有顺序关系。键是关键字，值是与关键字相关的，一个键对应一个值。通过键可以访问与其关联的值，反之则不行。

字典中的每个元素的键必须是唯一的，不能重复，值可以重复。

字典是可变对象。字典中的每个元素的键必须是任何可哈希（hash）对象。整数、浮点数、布尔值、字符串、元组等都是可哈希对象，列表等都是非可哈希对象。字典中的元素是依据哈希码来放置的。哈希码是根据可哈希对象的值计算出来的一个唯一值。

字典中的键/值对用逗号分隔并且由一对花括号（{}）括住。每个键/值对由一个关键字，然后跟着一个冒号，再跟着一个值组成。

```
>>> dict1 = {}
>>> dict1
{}
>>> dict2 = {'x':1, 'y':2, 'z':3}
>>> dict2
{'x': 1, 'y': 2, 'z': 3}
>>> dict3 = {True:1, 2.0:"two", "three":3, (1, 2, 3):123}
>>> dict3
```

```
{True: 1, 2.0: 'two', 'three': 3, (1, 2, 3): 123}
```
还可以使用 dict 内置函数来创建字典。
```
>>> dict1 = dict()
>>> dict1
{}
>>> dict2 = dict((('x', 1), ('y', 2), ('z', 3)))
>>> dict2
{'x': 1, 'y': 2, 'z': 3}
>>> dict3 = dict([['x', 1], ['y', 2], ['z', 3]])
>>> dict3
{'x': 1, 'y': 2, 'z': 3}
>>> dict4 = dict(x=1, y=2, z=3)
>>> dict4
{'x': 1, 'y': 2, 'z': 3}
>>> dict5 = dict(zip(['x', 'y', 'z'], [1, 2, 3]))
>>> dict5
{'x': 1, 'y': 2, 'z': 3}
>>> dict6 = dict(zip("xyz", (1, 2, 3)))
>>> dict6
{'x': 1, 'y': 2, 'z': 3}
```
一个不包含任何元素的字典被称为空字典；可以用空的花括号{}或 dict()创建一个空字典。

在 Python 3.6 之前，使用字典时，键是无序的。从 Python 3.6 开始，字典是有序字典了，键会按照插入的顺序排列。

6.1.2　字典的基本操作

1. 使用内置函数

hash 函数判断一个对象是否可以作为字典的键，若可以，返回一个整数值（哈希码），否则抛出 TypeError 异常。
```
>>> hash(123)
123
>>> hash(123.456)
1051464412201451643
>>> hash(True)
1
>>> hash("abc")
4752182408260134216
>>> hash((1, 2, 3))
2528502973977326415
>>> hash([1, 2, 3])
TypeError: unhashable type: 'list'
```
注意：两个对象若有相同的值，它们 hash 函数的返回值也相等。
```
>>> s1 = "abc"
>>> s2 = "abc"
```

```
>>> s1 == s2
True
>>> hash(s1)
4752182408260134216
>>> hash(s2)
4752182408260134216
```

2. 运算符

使用 in 或 not in 运算符判断一个键是否在字典中。

```
>>> dict1 = {'x':1, 'y':2, 'z':3}
>>> 'x' in dict1
True
>>> 'z' not in dict1
False
```

使用 is 或 is not 运算符判断两个字典是否是同一个对象。

```
>>> dict1 = {'x':1, 'y':2, 'z':3}
>>> dict2 = {'x':1, 'y':2, 'z':3}
>>> id(dict1)
2017883956208
>>> id(dict2)
2017884352800
>>> dict1 is dict2
False
```

使用关系运算符==和!=判断两个字典是否包含相同的键/值对。下面例子中，尽管 dict1 和 dict2 的键/值对顺序不同，但是这两个字典包含相同的键/值对。

```
>>> dict1 = {'x':1, 'y':2, 'z':3}
>>> dict2 = {'z':3, 'x':1, 'y':2}
>>> dict1 == dict2
True
```

3. 从字典中删除键/值对

使用 pop(key)方法删除字典中键 key 对应的键/值对并返回它的值，若键不存在，抛出 KeyError 异常。

```
>>> dict1 = {'x':1, 'y':2, 'z':3}
>>> dict1
{'x': 1, 'y': 2, 'z': 3}
>>> dict1.pop('x')
1
>>> dict1
{'y': 2, 'z': 3}
>>> dict1.pop('a')
KeyError: 'a'
```

使用 popitem 方法删除并返回字典中的一个键/值对，若字典为空，抛出 KeyError 异常。

```
>>> dict1 = {'x':1, 'y':2, 'z':3}
>>> dict1
```

```
{'x': 1, 'y': 2, 'z': 3}
>>> dict1.popitem()
('z', 3)
>>> dict1.popitem()
('y', 2)
>>> dict1.popitem()
('x', 1)
>>> dict1.popitem()
KeyError: 'popitem(): dictionary is empty'
```

使用 del 语句来删除字典中的键/值对，若键不存在，会导致 KeyError 异常。

```
>>> dict1 = {'x':1, 'y':2, 'z':3}
>>> dict1
{'x': 1, 'y': 2, 'z': 3}
>>> del dict1['x']
>>> dict1
{'y': 2, 'z': 3}
>>> del dict1['a']
KeyError: 'a'
```

del 语句也可以删除整个字典。

```
>>> dict1 = {'x':1, 'y':2, 'z':3}
>>> dict1
{'x': 1, 'y': 2, 'z': 3}
>>> del dict1
>>> dict1
NameError: name 'dict1' is not defined
```

使用 clear 方法删除字典中所有的键/值对。

```
>>> dict1 = {'x':1, 'y':2, 'z':3}
>>> dict1
{'x': 1, 'y': 2, 'z': 3}
>>> dict1.clear()
>>> dict1
{}
```

4. 合并字典

使用 update 方法合并字典。

```
>>> dict1 = {"red":4, "blue":1, "green":2, "yellow":5}
>>> dict1
{'red': 4, 'blue': 1, 'green': 2, 'yellow': 5}
>>> dict2 = {"purple":6, "red":1, "blue":3}
>>> dict2
{'purple': 6, 'red': 1, 'blue': 3}
>>> dict1.update(dict2)
>>> dict1
{'red': 1, 'blue': 3, 'green': 2, 'yellow': 5, 'purple': 6}
>>> dict2
{'purple': 6, 'red': 1, 'blue': 3}
```

dict2 添加到 dict1 中。如果 dict2 与 dict1 包含同样的键，dict2 中键的值会替换 dict1 中键原有的值。合并后，dict1 添加了一个键/值对'purple':6，修改了键'red'和'blue'对应的值；dict2 保持不变。

update 方法可以有多个参数。

```
dict1 = {"red":4, "blue":1, "green":2, "yellow":5}
>>> dict1
{'red': 4, 'blue': 1, 'green': 2, 'yellow': 5}
>>> dict2 = {"purple":6, "red":1, "blue":3}
>>> dict2
{'purple': 6, 'red': 1, 'blue': 3}
>>> dict3 = {"white":0, "black":15}
>>> dict3
{'white': 0, 'black': 15}
>>> dict1.update(dict2, **dict3)
>>> dict1
{'red': 1, 'blue': 3, 'green': 2, 'yellow': 5, 'purple': 6, 'white': 0, 'black':
15}
>>> dict2
{'purple': 6, 'red': 1, 'blue': 3}
>>> dict3
{'white': 0, 'black': 15}
```

第二个参数前面必须有**，表示字典解包。dict1 添加了 3 个键/值对'purple':6、'white':0 和'black':15，修改了键'red'和'blue'对应的值。

还可以使用如下方法合并修改字典。

```
dict1 = {"red":4, "blue":1, "green":2, "yellow":5}
>>> dict1
{'red': 4, 'blue': 1, 'green': 2, 'yellow': 5}
>>> dict1.update(purple=6, red=1, blue=5)
>>> dict1
{'red': 1, 'blue': 5, 'green': 2, 'yellow': 5, 'purple': 6}
```

5．字典解析

字典解析提供了一种创建字典的简洁方式。

一个字典解析由花括号组成。花括号内包含后跟一个 for 子句的表达式，之后是 0 或多个 for 子句或 if 子句。字典解析产生一个由表达式求值结果组成的字典。

```
{key_expr:value_expr for iter_var in iterable}
```

首先循环 iterable 里所有内容，每一次循环，都把 iterable 里相应内容放到 iter_var 中，再在 key_expr 和 value_expr 中应用该 iter_var 的内容，最后用 key_expr:value_expr 的计算值生成一个字典。

```
{key_expr:value_expr for iter_var in iterable if cond_expr}
```

加入了判断语句，只有满足条件的才把 iterable 里相应内容放到 iter_var 中，再在 key_expr 和 value_expr 中应用该 iter_var 的内容，最后用 key_expr:value_expr 的计算值生成一个字典。

```
>>> dict1 = {x:0.5 * x for x in range(5)}
```

```
>>> dict1
{0: 0.0, 1: 0.5, 2: 1.0, 3: 1.5, 4: 2.0}
>>> dict2 = {x:0.5 * x for x in range(5) if x < 3}
>>> dict2
{0: 0.0, 1: 0.5, 2: 1.0}
>>> dict3 = {key:value for (key, value) in zip("xyz", [1, 2, 3])}
>>> dict3
{'x': 1, 'y': 2, 'z': 3}
```

6. 其他常用字典方法

使用 keys 方法获取字典的所有键。返回由所有键构成的一个可迭代对象 dict_keys。

使用 values 方法获取字典的所有值。返回由所有值构成的一个可迭代对象 dict_values。

使用 items 方法获取字典的所有键/值对。返回由所有键/值对构成的一个可迭代对象 dict_items，每一个键/值对都以元组形式返回。

```
dict1 = {'x':1, 'y':2, 'z':3}
>>> dict1
{'x': 1, 'y': 2, 'z': 3}
>>> dict1.keys()
dict_keys(['x', 'y', 'z'])
>>> dict1.values()
dict_values([1, 2, 3])
>>> dict1.items()
dict_items([('x', 1), ('y', 2), ('z', 3)])
```

fromkeys 方法有两个参数：第一个参数是字典的键；第二个参数是键对应的值，可选，若不提供，默认是 None。创建并返回一个具有相同值的字典。

```
>>> dict1 = {}.fromkeys(['x', 'y', 'z'])
>>> dict1
{'x': None, 'y': None, 'z': None}
>>> dict2 = {}.fromkeys(['x', 'y', 'z'], 0)
>>> dict2
{'x': 0, 'y': 0, 'z': 0}
```

setdefault 方法有两个参数：第一个参数是字典的键；第二个参数是键对应的值，可选，若不提供，默认是 None。对在字典中的键，返回对应值；对不在字典中的键，新建键/值对，返回对应值。

```
>>> dict1 = {'A':65, 'B':66, 'C':67}
>>> dict1
{'A': 65, 'B': 66, 'C': 67}
>>> dict1.setdefault('A')
65
>>> dict1.setdefault('D', 68)
68
>>> dict1
{'A': 65, 'B': 66, 'C': 67, 'D': 68}
```

为了避免可变对象之间使用=赋值存在的关联性问题。使用 copy 方法进行"浅复制"。

```
>>> dict1 = {'x':1, 'y':2, 'z':3}
>>> dict1
{'x': 1, 'y': 2, 'z': 3}
>>> dict2 = dict1.copy()
>>> dict2
{'x': 1, 'y': 2, 'z': 3}
>>> id(dict1)
1792467921440
>>> id(dict2)
1792467921584
>>> dict1['x'] = 111
>>> dict1
{'x': 111, 'y': 2, 'z': 3}
>>> dict2
{'x': 1, 'y': 2, 'z': 3}
```

7. 遍历字典

最常用的遍历字典的方式是使用 for 语句。

（1）遍历字典中的所有键。

例如：

```
dict1 = {'x':1, 'y':2, 'z':3}
for key in dict1.keys():
        print(key, end=' ')
```

输出：

```
x y z
```

（2）遍历字典中的所有值。

例如：

```
dict1 = {'x':1, 'y':2, 'z':3}
for value in dict1.values():
        print(value, end=' ')
```

输出：

```
1 2 3
```

（3）遍历字典中的所有键/值对。

例如：

```
dict1 = {'x':1, 'y':2, 'z':3}
for key, value in dict1.items():
        print(key, ":", value, sep='', end=' ')
```

输出：

```
x:1 y:2 z:3
```

【例 6.1】编写程序，输入若干整数，整数之间以空格间隔，统计每个输入整数的出现次数。分行升序输出每个整数及其出现次数。

输入整数作为键，出现次数作为对应的值，构成一个键/值对。使用字典存储键/值对。

```
1  line = input().split()
2  numbers = [eval(x) for x in line]
```

```
3   d = {}
4   for number in numbers:
5       if number in d:
6           d[number] += 1
7       else:
8           d[number] = 1
9   counts = sorted(list(d.items()))
10  for i in range(len(counts)):
11      print(counts[i][0], ':', counts[i][1], sep='')
```

【运行示例】
```
11 22 35 68 97 63 22 68 11↙
11:2
22:2
35:1
63:1
68:2
97:1
```

第 2 行，通过列表解析，将整数存放在列表中。

第 4~8 行 for 语句。对每一个整数，若整数作为键已经在字典中，则出现次数加 1；否则给字典新增一个键/值对，键为整数，值为出现次数 1。

第 9 行，将字典转换为列表，即 [(整数, 出现次数), (整数, 出现次数), …]。并按整数升序排序。

第 10、11 行 for 语句。分行输出每个整数及其出现次数。

6.2 集　　合

6.2.1 集合的概念

程序经常需要具有集合性质的对象，Python 为此提供了集合类型。集合类型与数学中集合的概念一致。

集合可以用来存储和处理大量的数据。

集合中的值称为元素，既可以包含同类型的元素也可以包含不同类型的元素。集合中的元素不可重复，元素之间也没有顺序关系。

集合中的元素可以是任何可哈希（hash）对象。整数、浮点数、布尔值、字符串、元组以及不可变集合等都是可哈希对象，列表、字典以及可变集合等都是非可哈希对象。集合中的元素是依据哈希码来放置的。哈希码是根据可哈希对象的值计算出来的一个唯一值。

由于集合中的元素是无序的，因此不能像序列类型那样通过下标来访问元素。

集合分为可变集合和不可变集合。

若不关心元素的顺序，使用集合来存储数据比使用列表效率更高。

集合中的元素用逗号分隔并且由一对花括号（{}）括住。
```
>>> set1 = {1, 2, 3}
>>> set1
```

```
{1, 2, 3}
>>> set2 = {"red", "green", "blue"}
>>> set2
{'blue', 'red', 'green'}
>>> set3 = {2, "three", 4.5, True}
>>> set3
{True, 2, 'three', 4.5}
>>> set4 = {"one", 2.0, 5, (100, 200)}
>>> set4
{(100, 200), 2.0, 5, 'one'}
```
还可以使用 set 内置函数来创建集合。
```
>>> set1 = set()
>>> set1
set()
>>> set2 = set({})
>>> set2
set()
>>> set3 = set(range(1, 10))
>>> set3
{1, 2, 3, 4, 5, 6, 7, 8, 9}
>>> set4 = set([x for x in range(1, 10)])
>>> set4
{1, 2, 3, 4, 5, 6, 7, 8, 9}
>>> set5 = set("abcda")
>>> set5
{'c', 'd', 'a', 'b'}
```
一个不包含任何元素的集合称为空集合；可以用 set() 或 set({}) 创建一个空集合。

注意：{} 不是创建空集合，而是创建空字典。

set 函数将字符串分割成由单独的字符组成的字符集合。尽管字符 a 在字符串 abcda 中出现了两次，但在集合中只出现了一次。集合中不存储重复的元素。

有时候希望集合中的元素具有稳定性，像元组一样不能随意增加或删除集合中的元素，可以用 frozenset 函数创建不可变集合。
```
>>> set1 = frozenset()
>>> set1
frozenset()
>>> set2 = frozenset([1, 2, 3])
>>> set2
frozenset({1, 2, 3})
```

6.2.2　集合的基本操作

1. 使用内置函数

len 函数返回一个集合中的元素个数。

max 函数和 min 函数分别返回一个集合（元素必须是相同类型）中的最大值元素和最小值

元素。

sum 函数返回一个集合（元素必须是数值）中所有元素的和。

```
>>> set1 = {55, -22, 3, 45, 11, 62, 38, 985, 211}
>>> len(set1)
9
>>> max(set1)
985
>>> min(set1)
-22
>>> sum(set1)
1388
```

2．运算符

使用 in 或 not in 运算符来判断元素是否在集合中。

```
>>> set1 = {"C++", "Java", "Python"}
>>> "Python" in set1
True
>>> "Java" not in set1
False
```

使用 is 或 is not 来判断两个集合是否是同一个对象。

```
>>> set1 = {"C++", "Java", "Python"}
>>> set2 = {"C++", "Java", "Python"}
>>> id(set1)
2096585153448
>>> id(set2)
2096585150984
>>> set1 is set2
False
```

使用关系运算符==和!=判断两个集合是否包含相同的元素。下面例子中，尽管 set1 和 set2 的元素顺序不同，但是这两个集合包含相同的元素。

```
>>> set1 = {1, 2, 3, 7, 9, 0, 5}
>>> set2 = {1, 3, 2, 7, 5, 0, 9}
>>> set1 == set2
True
```

使用关系运算符<可以判断一个集合是否是另一个集合的真子集，使用关系运算符<=可以判断一个集合是否是另一个集合的子集。注意：一个集合是它本身的子集。下面例子中，set1 是 set2 的真子集，set1 是其自身的子集。

```
>>> set1 = {7, 8, 9}
>>> set2 = {7, 1, 9, 2, 8}
>>> set1 < set2
True
>>> set1 <= set1
True
```

使用关系运算符>可以判断一个集合是否是另一个集合的真超集，使用关系运算符>=可以判断一个集合是否是另一个集合的超集。注意：一个集合是它本身的超集。下面例子中，set2 是 set1 的真超集，set2 是其自身的超集。

```
>>> set1 = {7, 8, 9}
>>> set2 = {7, 1, 9, 2, 8}
>>> set2 > set1
True
>>> set2 >= set2
True
```

两个集合的并集是一个包含这两个集合所有元素的新集合。可以使用|运算符来实现这个操作。

```
>>> set1 = {7, 8, 9}
>>> set2 = {7, 1, 9, 2, 8}
>>> set1 | set2
{1, 2, 7, 8, 9}
```

两个集合的交集是一个包含这两个集合共有元素的新集合。可以使用&运算符来实现这个操作。

```
>>> set1 = {7, 8, 9}
>>> set2 = {7, 1, 9, 2, 8}
>>> set1 & set2
{8, 9, 7}
```

两个集合的差集是一个包含出现在第一个集合而不出现在第二个集合的元素的新集合。可以使用–运算符来实现这个操作。

```
>>> set1 = {7, 8, 9}
>>> set2 = {7, 1, 9, 2, 8}
>>> set1 - set2
set()
```

两个集合的对称差集是一个包含这两个集合共有元素之外所有元素的新集合。可以使用^运算符来实现这个操作。

```
>>> set1 = {7, 8, 9}
>>> set2 = {7, 1, 9, 2, 8}
>>> set1 ^ set2
{1, 2}
```

复合赋值运算：set1 |= set2，即 set1 = set1 | set2；set1 &= set2，即 set1 = set1 & set2；set1 –= set2，即 set1 = set1 – set2；set1 ^= set2，即 set1 = set1 ^ set2。

```
>>> set1 = {7, 8, 9}
>>> set2 = {7, 1, 9, 2, 8}
>>> set1 |= set2
>>> set1
{1, 2, 7, 8, 9}
```

3. 集合运算方法

除了使用运算符，还可以使用方法来完成集合运算。

使用 issubset 方法判断子集。使用 issuperset 方法判断超集。

使用 union 方法来实现集合并集操作。使用 intersection 方法来实现集合交集操作。使用 difference 方法来实现集合差集操作。使用 symmetric_difference 方法来实现集合对称差集操作。

```
>>> set1 = {7, 8, 9}
>>> set2 = {7, 1, 9, 2, 8}
>>> set1.issubset(set2)
True
>>> set2.issuperset(set1)
True
>>> set1.union(set2)
{1, 2, 7, 8, 9}
>>> set1.intersection(set2)
{8, 9, 7}
>>> set1.difference(set2)
set()
>>> set1.symmetric_difference(set2)
{1, 2}
```

4. 遍历集合

最常用的遍历集合的方式是使用 for 语句。

例如：

```
set1 = {2, 3, 5, 2, 33, 21}
for value in set1:
        print(value, end=' ')
```

输出：

```
33 2 3 5 21
```

注意：集合不是序列类型，不能通过下标或切片操作来访问集合中的元素。

5. 集合解析

集合解析提供了一种创建集合的简洁方式。

一个集合解析由花括号组成。花括号内包含后跟一个 for 子句的表达式，之后是 0 或多个 for 子句或 if 子句。集合解析产生一个由表达式求值结果组成的集合。

```
{expr for iter_var in iterable}
```

首先循环 iterable 里所有内容，每一次循环，都把 iterable 里相应内容放到 iter_var 中，再在 expr 中应用该 iter_var 的内容，最后用 expr 的计算值生成一个集合。

```
{expr for iter_var in iterable if cond_expr}
```

加入了判断语句，只有满足条件的才把 iterable 里相应内容放到 iter_var 中，再在 expr 中应用该 iter_var 的内容，最后用 expr 的计算值生成一个集合。

例如：

```
set1 = {value for value in range(0, 11, 2)}
print(set1)
set2 = {0.5 * value  for value in set1}
print(set2)
set3 = {value for value in set2 if value > 2.0}
```

```
print(set3)
```
输出：
```
{0, 2, 4, 6, 8, 10}
{0.0, 1.0, 2.0, 3.0, 4.0, 5.0}
{3.0, 4.0, 5.0}
```

6. 向可变集合添加元素

（1）add(x)方法：将元素 x 添加到可变集合中。

例如：
```
set1 = {"C++", "Java", "Python"}
print(set1)
set1.add("C#")
print(set1)
```
输出：
```
{'Python', 'C++', 'Java'}
{'Python', 'C++', 'C#', 'Java'}
```
（2）update 方法：用两个集合的并集更新第一个集合。

例如：
```
set1 = {"C++", "Java", "Python"}
print(set1)
set2 = {"C#", "JavaScript"}
print(set2)
set1.update(set2)
print(set1)
print(set2)
```
输出：
```
{'C++', 'Python', 'Java'}
{'JavaScript', 'C#'}
{'JavaScript', 'C++', 'Java', 'C#', 'Python'}
{'JavaScript', 'C#'}
```
（3）intersection_update 方法：用两个集合的交集更新第一个集合。

例如：
```
set1 = {"C++", "Java", "Python"}
print(set1)
set2 = {"C#", "JavaScript", "Python"}
print(set2)
set1.intersection_update(set2)
print(set1)
print(set2)
```
输出：
```
{'C++', 'Python', 'Java'}
{'JavaScript', 'Python', 'C#'}
{'Python'}
{'JavaScript', 'Python', 'C#'}
```

（4）difference_update 方法：用两个集合的差集更新第一个集合。

例如：

```
set1 = {"C++", "Java", "Python"}
print(set1)
set2 = {"C#", "JavaScript", "Python"}
print(set2)
set1.difference_update(set2)
print(set1)
print(set2)
```

输出：

```
{'Python', 'Java', 'C++'}
{'C#', 'JavaScript', 'Python'}
{'Java', 'C++'}
{'C#', 'JavaScript', 'Python'}
```

（5）symmetric_difference_update 方法：用两个集合的对称差集更新第一个集合。

例如：

```
set1 = {"C++", "Java", "Python"}
print(set1)
set2 = {"C#", "JavaScript", "Python"}
print(set2)
set1.symmetric_difference_update(set2)
print(set1)
print(set2)
```

输出：

```
{'Java', 'Python', 'C++'}
{'JavaScript', 'Python', 'C#'}
{'Java', 'C++', 'JavaScript', 'C#'}
{'JavaScript', 'Python', 'C#'}
```

7. 从可变集合删除元素

（1）pop 方法：从可变集合中删除并返回一个元素。若可变集合为空集合，则抛出 KeyError 异常。

例如：

```
set1 = set("cba")
print(set1)
print(set1.pop())
print(set1.pop())
print(set1.pop())
print(set1.pop())
```

输出：

```
{'b', 'a', 'c'}
b
a
c
```

```
KeyError: 'pop from an empty set'
```

（2）remove(x)方法：从可变集合中删除元素 x。若可变集合中元素 x 不存在,则抛出 KeyError 异常。

例如：

```
set1 = {55, -22, 3, 45, 11, 62, 38, 985}
print(set1)
set1.remove(11)
print(set1)
set1.remove(88)
print(set1)
```

输出：

```
{3, 38, -22, 11, 45, 55, 985, 62}
{3, 38, -22, 45, 55, 985, 62}
KeyError: 88
```

（3）discard(x)方法：从可变集合中删除元素 x。若可变集合中元素 x 不存在，则不做任何事情。

例如：

```
set1 = {55, -22, 3, 45, 11, 62, 38, 985}
print(set1)
set1.discard(11)
print(set1)
set1.discard(88)
print(set1)
```

输出：

```
{3, 38, -22, 11, 45, 55, 985, 62}
{3, 38, -22, 45, 55, 985, 62}
{3, 38, -22, 45, 55, 985, 62}
```

（4）clear()方法：删除集合中的所有元素。

例如：

```
set1 = {55, -22, 3, 45, 11, 62, 38, 985}
print(set1)
set1.clear()
print(set1)
```

输出：

```
{3, 38, -22, 11, 45, 55, 985, 62}
set()
```

（5）del 语句：删除整个集合。

例如：

```
set1 = {55, -22, 3, 45, 11, 62, 38, 985}
print(set1)
del set1
print(set1)
```

输出：

```
{3, 38, -22, 11, 45, 55, 985, 62}
NameError: name 'set1' is not defined
```

【例 6.2】编写程序，有一系列整数，整数之间以空格间隔，其中含有重复的整数，需要去掉重复的整数后升序排序输出。

集合中的元素不可重复，因此可以通过集合对数据进行去重。

```
1   line = input().split()
2   numbers = [eval(x) for x in line]
3   items = sorted(list(set(numbers)))
4   for item in items:
5       print(item, end=' ')
```

【运行示例】

```
11 22 35 68 97 63 22 68 11↙
11 22 35 63 68 97
```

第 2 行，通过列表解析，将数据存放在列表中。

第 3 行，将列表转换为集合，去除重复数据，然后再转换为列表，升序排序。

思考与练习

1. 如何创建一个空集合？

2. 集合可以包含不同类型的元素吗？

3. 集合和列表的区别是什么？如何实现集合和列表的相互转换？

4. 集合和元组的区别是什么？如何实现集合和元组的相互转换？

5. 下列说法是否正确？

　（1）集合中的元素不允许重复。

　（2）集合中的元素可以是元组。

　（3）集合中的元素可以是列表。

　（4）集合中的元素可以是字典。

　（5）集合中的元素之间存在顺序关系。

6. 使用 remove 或 discard 方法删除可变集合中的元素，它们之间的区别是什么？

7. 如何创建一个空字典？

8. 下列说法是否正确？

　（1）字典中的键不允许重复。

　（2）字典中的键可以是元组。

　（3）字典中的键可以是列表。

　（4）字典中的键可以对应多个值。

　（5）字典中的元素之间存在顺序关系。

9. 下面哪个字典被正确创建了？

　（1）d = {3:[1, 2], 7:[3, 4]}

　（2）d = {[1, 2]:3, [3, 4]:7}

　（3）d = {(1, 2):3, (3, 4):7}

（4）d = {"apple":1, "banana":3, "pear":3}

（5）d = {False:0, True:1}

10. 对于字典 d，使用 d[key]或 d.get(key)返回 key 对应的值，它们之间的区别是什么？

编 程 题

1. 编写程序，输入 20 个整数，输出其中出现了多少个不相同的数。

输入：一行 20 个整数，整数之间以空格分隔。

输出：一个数字，表示多少个不相同的数。

【运行示例】

```
1 1 3 4 5 6 7 8 9 10 11 12 13 14 15 16 17 18 19 20✓
19
```

2. 小慧最近在数学课上学习了集合。小慧的老师给了小慧这样一个集合：

$$s = \{ p / q | w \leqslant p \leqslant x, y \leqslant q \leqslant z \}$$

编写程序，根据给定的 w、x、y、z，求出集合中一共有多少个元素。

输入：4 个整数，分别是 $w(1 \leqslant w \leqslant x)$，$x(1 \leqslant x \leqslant 100)$，$y(1 \leqslant y \leqslant z)$，$z(1 \leqslant z \leqslant 100)$，以空格分隔。

输出：集合中元素的个数。

【运行示例】

```
1 10 1 1✓
10
```

3. 编写程序，输入一个简单英文句子，统计并依次输出该句子中元音字母 a、e、i、o、u（不区分大小写）出现的次数。

【运行示例】

```
If so, you already have a Google Account. You can sign in on the right. ✓
6 4 4 7 3
```

4. 编写程序，定义和调用函数 def number_to_words(number)，该函数接收一个整数作为参数；返回一个小写英文字符串，字符串的单词描述了该整数。

输入：一个整数。

输出：整数的英文单词描述，单词之间以空格间隔。

【运行示例】

```
4721✓
four seven two one
-3210
negative three two one zero
```

5. 编写程序，完成以下命令：

new id——新建一个指定编号为 id 的序列（id<10 000）。

add id num——向编号为 id 的序列加入整数 num。

merge id1 id2——合并序列 id1 和 id2 中的数，id2 中数保持不变。

unique id——去掉序列 id 中重复的元素。

out id——升序输出编号为 id 的序列中的元素，以空格间隔，行末没有多余的空格。

输入：第一行是一个正整数 n，表示有多少个命令（$n \leqslant 200\,000$）。后面 n 行，每行一个命令。

输出：按题目要求输出。

【运行示例】

```
16↙
new 1↙
new 2↙
add 1 1↙
add 1 2↙
add 1 3↙
add 2 1↙
add 2 2↙
add 2 3↙
add 2 4↙
out 1↙
out 2↙
merge 1 2↙
out 1↙
out 2↙
unique 1↙
out 1↙
1 2 3
1 2 3 4
1 1 2 2 3 3 4
1 2 3 4
1 2 3 4
```

第 **7** 章 | 对象和类

20 世纪 60 年代出现了结构化程序设计。结构化程序设计从程序的功能入手，将程序视为对数据的处理过程。结构化程序的基本构造单位是函数，程序由若干函数组成，每个函数完成一个确定的功能。

在结构化程序设计中，数据和对数据的处理过程是相互分离的。当程序规模较大时，会使得程序难以维护。因此，从 20 世纪 80 年代开始，面向对象程序设计逐渐成为主流。

7.1　面向对象程序设计

现实世界中的事物可以分为两部分：物质和意识。物质表达的是一个具体的事物，意识描述的是一个抽象的概念。例如，"这辆红色的汽车"是物质，它是具体的客观存在；"汽车"是意识，它是抽象的概念，是对具体的客观存在的一种概括。

对象表示现实世界中某个具体事物。在现实世界中，对象无处不在。一个人、一辆汽车、一本书、一场球赛、一个银行账户等都是对象。一个对象可以非常简单，也可以非常复杂。复杂对象往往由若干简单对象组合而成。

对象有一个名字，以区别于其他对象；有一组属性，用于描述对象的特征；有一组行为，用来改变对象的属性。

对象可以归类。例如，"这辆红色的汽车"是一辆汽车，"那辆白色的汽车"也是一辆汽车，则这两辆汽车是同类对象，可以归入"汽车"这个"类"。对象也称类的实例。类和对象之间的关系可以看成抽象和具体的关系。类是对现实世界中具体事物的抽象，描述了同类对象的共性。例如，"汽车"是一个描述交通工具的类，而"这辆红色的汽车"和"那辆白色的汽车"是"汽车"类的两个实例。

面向对象程序设计追求的是对现实世界的直接模拟，将现实世界中的事物直接映射到程序的解空间。在面向对象程序设计中，现实世界中的"物质"可以对应于"对象"，现实世界中的"意识"可以对应于"类"。例如，"汽车"可以用"汽车"类来表达，"这辆红色的汽车"是"汽车"类的一个实例。

对象的属性通常用数据来表示，对象的行为通常用对数据的处理过程来表示。面向对象程序设计把数据和对数据的处理过程作为一个相互依存、不可分割的整体来看待，将数据和对数据的处理过程抽象成一种新的数据类型——类。

因此，面向对象程序的基本构造单位是类。

7.2 使用类编写程序

7.2.1 声明类

Python 使用下面的语法声明一个类：

```
class 类名:
      类体
```

类由类头和类体两部分组成。

在类头中，class 是关键字。类名采用首字母大写的单词，如果由多个单词构成，其余单词首字母均大写，单词之间不出现下画线。其后紧随一个冒号。

一个类对应于某种对象类别，对象属性用变量来表示，称为类的数据域；对象的行为用方法来表示，称为成员方法。类体由类的数据域和成员方法构成。类的数据域名和成员方法名采用全部小写的单词，如果由多个单词构成，单词之间用下画线连接。

特殊的成员方法：构造方法，__init__（前后加两个下画线）。数据域在构造方法中创建并进行初始化。在创建对象时，自动调用构造方法。

下面是表示"圆"对象类别的 Circle 类：

```
class Circle:
      def __init__(self, radius = 1):
          self.set_radius(radius)
      def set_radius(self, radius):
          self.radius = radius
      def get_perimeter(self):
          return 2 * 3.14159 * self.radius
      def get_area(self):
          return 3.14159 * self.radius ** 2
```

类的成员方法的第一个参数均为 self。self 指向对象本身。self 只能在类的内部使用。当调用成员方法时，对象会将自身的引用作为第一个参数隐式传递给该方法，以便该方法知道具体操作的是哪个对象。

另外，在一个方法内部调用同一类的其他方法时，也必须使用 self。在 __init__ 方法中调用了set_radius 方法，即 self.set_radius(radius)。

同样，在类内部必须通过 self 来访问类的数据域。

一个类可以有多个数据域，同一个类的数据域不能重名。Circle 类有一个数据域，表示圆的属性，圆半径 self.radius。在 set_radius 方法中创建并初始化了数据域 self.radius。

Circle 类有 4 个成员方法，表示圆的行为。构造方法 __init__(self, radius) 用于初始化数据域self.radius。更改器方法 set_radius(self, radius) 用于为数据域 self.radius 设置新值。普通成员方法get_perimeter(self) 用于求圆周长，get_area(self) 用于求圆面积。

原则上，需要为类定义一个构造方法。

7.2.2　创建对象

在声明类后，还需要使用类来创建对象，然后才能通过对象来访问其成员。创建对象和创建普通变量很相似，一般形式如下：

　　对象名 = 类名([参数])

例如：

　　c1 = Circle()

在内存中创建了一个名为 c1 的对象，在创建 c1 对象时，自动调用了 Circle 类的 __init__ 构造方法将 radius 的初始值设置为 1。注意：__init__ 构造方法的 radius 参数默认值为 1。对于 c1 对象，self 就指向 c1 本身。

而

c2 = Circle(5.5)

在内存中创建了一个名为 c2 的对象，在创建 c2 对象时，自动调用了 Circle 类的 __init__ 构造方法将 radius 的初始值设置为 5.5。同样，对于 c2 对象，self 就指向 c2 本身。

__init__ 构造方法是在创建对象时自动调用的，不需要显式调用。

同一个类的不同对象的数据域值有可能不同，所以数据域在内存中占据不同的存储空间，例如，Circle 类对象 c1、c2 的数据域 self.radius 占据不同的存储空间。同一个类的不同对象的成员方法代码都是相同的，所以成员方法没必要有多个副本，只需要保留一份代码即可，例如，Circle 类对象 c1、c2 的成员方法共享同一份代码。

同一个类的所有对象共享同一份成员方法代码，是为了节省存储空间而采用的对象存储方式。在逻辑上，仍应该将对象看成独立的实体，每个对象有自己的数据域，也有自己的成员方法。

对象成员是指该对象的数据域和成员方法。对象创建后，可以通过成员访问运算符.来访问对象成员。

数据域也称实例变量，因为它的值依赖于特定的实例。每个实例（对象）的数据域都有一个特定值。例如，c1.radius 的值为 1，c2.radius 的值为 5.5。

成员方法也称实例方法，因为成员方法只能由特定的实例（对象）调用来完成操作。例如，计算 c1 对象的圆面积 c1.get_area()，计算 c2 对象的圆面积 c2.get_area()。

【例 7.1】编写程序，计算并输出圆的半径、周长和面积。

```
1   from Circle import Circle
2   def main():
3       c1 = Circle()
4       print(c1.radius)
5       print(c1.get_perimeter())
6       print(c1.get_area())
7       c2 = Circle(5.5)
8       print(c2.radius)
9       print(c2.get_perimeter())
10      print(c2.get_area())
11  main()
```

【运行示例】

1

```
6.28318
3.14159
5.5
34.55749
95.0330975
```

第 1 行从 Circle 模块中导入 Circle 类。第 2~10 行是 main 函数。

第 3 行创建了一个半径为 1 的 Circle 类对象 c1，第 7 行创建了一个半径为 5.5 的 Circle 类对象 c2，第 4~6 行输出对象 c1 的半径、周长和面积，第 8~10 行输出对象 c2 的半径、周长和面积。

7.3 对象作为函数参数

对象可以作为函数参数，既可以按值传递方式传递对象参数，也可以按引用传递方式传递对象参数。数字、字符串及元组等都是不可变对象。当将一个不可变对象传递给函数时，对象内容不会被改变，相当于通过"值传递"来传递对象。而列表、字典及 Circle 类的对象等都是可变对象，当将一个可变对象传递给函数时，对象内容有可能发生变化，相当于通过"引用传递"来传递对象。

【例 7.2】编写程序，定义和调用函数 def print_circle_areas(c)，计算并输出圆面积。

```
1   from Circle import Circle
2   def print_circle_areas(c):
3       print("圆半径：%d\t 圆面积：%f" % (c.radius, c.get_area()))
4       c.radius += 1
5   def main():
6       c = Circle()
7       print("函数调用前，c.radius 为%d" % (c.radius))
8       print_circle_areas(c)
9       print("函数调用后，c.radius 为%d" % (c.radius))
10  main()
```

【运行示例】
```
函数调用前，c.radius 为 1
圆半径：1   圆面积：3.141590
函数调用后，c.radius 为 2
```

第 6 行创建了一个半径为 1 的 Circle 类对象 c。第 8 行传递 Circle 类对象 c 去调用 print_circle_areas(c)函数，输出圆半径 1 及对应的圆面积。

第 4 行，c.radius+=1 创建了一个新的整数对象，并将它赋值给 c.radius。第 7 行输出调用 print_circle_areas 函数前 c.radius 的值。第 9 行输出调用 print_circle_areas 函数后 c.radius 的值。对 Circle 类对象这样的可变对象参数，若对象的值在函数内被改变了，则对象的原始值也就被改变了。

7.4 对象列表

列表中的元素可以是任何数据类型的对象，包括用户自定义类的对象。

如果一个类有若干对象，这些对象可以用一个列表来存放。

例如：

```
circle_list = [Circle(), Circle(5.5), Circle(100)]
```

列表元素 circle_list[0] 自动调用 Circle 类的构造方法，将圆半径设置为 1(默认值)。Circle_list[1] 和 circle_list[2] 也分别自动调用 Circle 类的构造方法，将圆半径分别设置为 5.5 和 100。

【例 7.3】编写程序，使用列表，计算并输出列表中所有圆对象的面积之和。

```
1   from Circle import Circle
2   import random
3   def total_circle_area(c):
4       total = 0.0
5       for i in range(len(c)):
6           total += c[i].get_area()
7       return total
8   def print_circle_area(c):
9       for i in range(len(c)):
10          print("圆半径: %d\t 圆面积: %f" % (c[i].radius, c[i].get_area()))
11      print("总面积:", total_circle_area(c))
12  def main():
13      c = []
14      for i in range(1, 4):
15          c.append(Circle(random.randrange(100)))
16      print_circle_area(c)
17  main()
```

【运行示例】

```
圆半径: 38    圆面积: 4536.455960
圆半径: 41    圆面积: 5281.012790
圆半径: 64    圆面积: 12867.952640
总面积: 22685.42139
```

每次运行的结果可能是不同的。

第 3～7 行是 total_circle_area 函数，计算并返回所有圆的总面积。

第 8～11 行是 print_circle_area 函数，输出每个圆的半径和面积，并调用 total_circle_area 函数计算并输出所有圆的总面积。

第 13 行声明了一个空列表 c。

第 14、15 行的 for 语句创建了 3 个半径为随机整数的 Circle 类对象并追加到列表 c 中。最终列表 c 中存放了 3 个 Circle 类对象。注意：可以创建一个对象而不需要明确将它赋值给变量，如第 15 行中的 Circle(random.randrange(100))，以这种方法创建的对象称为匿名对象。

第 16 行调用并将列表 c 传递给 print_circle_area 函数。

7.5   隐藏数据域

Circle 类的数据域 self.radius 是公有的，Circle 类的普通成员方法 get_ perimeter (self) 和 get_area(self)、更改器方法 set_radius(self, radius)、构造方法 __init__(self, radius) 也是公有的。它们

称为类的公有成员。类本身和类外部均可直接访问类的公有成员。

例如：

```
c = Circle()           # 创建 Circle 类对象
print(c.radius)        # 直接输出半径
c.radius = 5.5         # 直接修改半径
```

直接访问对象的数据域并不是一个好方法。数据域的值有可能会被篡改设置为一个不合法的值（如 c.radius=-5.5），使类会变得难以维护并且易于出错。

出于封装和数据隐藏（Data Hiding）的需要，类的数据域一般是私有的。

在 Python 中，若数据域名以两个下画线开头，那么这个数据域就是私有数据域。例如，Circle 类的私有数据域 self.__radius。同样，若成员方法名以两个下画线开头，那么这个方法就是私有方法，只能在类内部使用。它们称为类的私有成员。类本身可以直接访问类的私有成员，类外部不能直接访问类的私有成员。

注意：若类是被用来给其他程序使用的，为了防止数据被篡改并使得类更易于维护，需要将数据域定义为私有的。否则就没必要隐藏数据域。

私有数据域在类内部可以直接访问，在类外部不能直接访问。为了获取私有数据域的值，可以定义一个公有的访问器成员方法来返回私有数据域的值；为了更改私有数据域的值，可以定义一个公有的更改器成员方法来设置私有数据域的值。

访问器成员方法具有如下的方法头：

```
def get_DataFieldName(self):
```

DataFieldName 为私有数据域名（不包括开头的两个下画线）。例如，Circle 类的私有数据域 self.__radius，其访问器成员方法的方法头为

```
def get_radius(self):
```

若私有数据域中存放的是布尔值，习惯上访问器成员方法的方法头为：

```
def is_DataFieldName(self):
```

更改器成员方法具有如下的方法头：

```
def set_DataFieldName(self, 形式参数表):
```

DataFieldName 为私有数据域名（不包括开头的两个下画线）。例如，Circle 类的私有数据域成员 self.__radius，其更改器成员方法的方法头为

```
def set_radius(self, radius):
```

原则上，需要为类的每一个私有数据域定义一个公有的访问器成员方法和一个公有的更改器成员方法。

修改 Circle 类，将圆半径 radius 定义为私有的，并添加访问器方法 get_radius(self)。

下面是修改后的 Circle 类：

```
class Circle:
    def __init__(self, radius = 1):
        self.__radius = radius
    def set_radius(self, radius):
        self.__radius = radius
    def get_radius(self):
        return self.__radius
```

```
    def get_perimeter(self):
        return 2 * 3.14159 * self.__radius
    def get_area(self):
        return 3.14159 * self.__radius ** 2
```

例如：

```
from Circle import Circle
c = Circle(5.5)
print(c.get_radius())     # 通过访问器方法访问私有数据域
print(c.get_perimeter())
print(c.get_area())
print(c.__radius)         # 错误，私有数据域不能直接访问
```

输出：

```
5.5
34.55749
95.0330975
AttributeError: 'Circle' object has no attribute '__radius'
```

7.6　类变量和类方法

Circle 类的数据域和成员方法都是属于对象的，它们称为实例变量和实例方法。

例如：

```
c1 = Circle()
c2 = Circle(5.5)
```

对象 c1 的数据域 radius 和对象 c2 的数据域 radius 是独立的，在内存中占据不同的存储空间。更改 c1 的 radius 值不会影响 c2 的 radius 值，反之亦然。因此实例变量是每个对象单独拥有的变量。

Python 还支持另一种类型的数据域，它们属于类本身，而不属于对象，被称为类变量。

一个类的所有对象共享类变量，类变量不是单独分配给每个对象的。一个对象改变了类变量的值，那么这个类的所有对象的该类变量的值也都被改变了。

同样，类方法也属于类本身，而不属于对象。

在类方法的方法头前面需要使用@classmethod 标记。

类方法的第一个参数为 cls。cls 指向类本身。

类方法不能访问实例变量，但可以访问类变量。而实例方法即能访问实例变量，也能访问类变量。

通常直接通过类名调用类方法，也可以通过对象名调用类方法。

修改 Circle 类，新增一个私有类变量 number_of_objects，统计创建的 Circle 类对象的数目。number_of_objects 的初始值为 0。当创建对象时，number_of_objects 的值就加 1，可以在__init__构造方法中完成这个操作，因为创建对象时，会自动调用__init__构造方法。新增一个类方法 get_number_of_objects，返回 number_of_objects 的当前值。

下面是修改后的 Circle 类：

```
class Circle:
```

```
        __number_of_objects = 0                      # 私有类变量，初始值为 0
        def __init__(self, radius = 1):
            self.__radius = radius
            Circle.__number_of_objects += 1          # 对象数目加 1
        def set_radius(self, radius):
            self.__radius = radius
        def get_radius(self):
            return self.__radius
        def get_perimeter(self):
            return 2 * 3.14159 * self.__radius
        def get_area(self):
            return 3.14159 * self.__radius ** 2
        @classmethod
        def get_number_of_objects(cls):              # 类方法
            return cls.__number_of_objects
```

例如：

```
from Circle import Circle
print("当前对象数目:", Circle.get_number_of_objects())     # 类名调用类方法
c1 = Circle()
print("半径为", c1.get_radius(), "的圆面积:", c1.get_area())
c2 = Circle(5.5)
print("半径为", c2.get_radius(), "的圆面积:", c2.get_area())
print("当前对象数目:", c1.get_number_of_objects())          # 对象名 c1 调用类方法
```

输出：

```
当前对象数目: 0
半径为 1 的圆面积: 3.14159
半径为 5.5 的圆面积: 95.0330975
当前对象数目: 2
```

通过类名来调用类方法 Circle.get_number_of_objects()。此时没有创建任何 Circle 类对象，所以当前对象数目为 0。

创建了对象 c1、c2 后，通过对象名 c1（也可以通过对象名 c2）调用类方法 c1.get_number_of_objects()。显示当前对象数目为 2。

特殊的类方法：__new__（前后各加两个下画线）。

创建对象时，首先调用的是__new__方法，然后才调用__init__方法。

__new__方法的第一个参数是 cls，__init__方法的第一个参数是 self。__init__方法中除了 self 参数外的其他参数，与__new__方法中除了 cls 参数外的其他参数必须保持一致或者等效。

__new__方法返回创建的对象，这个对象会调用__init__方法并作为参数传递给__init__方法的 self 参数，__new__方法的其他参数会直接传递给__init__方法对应的参数，以便对象可以被正确地初始化。

自定义类时，通常都会定义__init__方法，但很少会去定义__new__方法。若没有显式定义__new__方法，Python 会自动为该类提供一个默认的__new__方法。

7.7　静 态 方 法

类中最常用到的方法是实例方法。需要先创建（实例化）一个对象再调用实例方法。

而使用类方法，不需要实例化对象，可以直接通过类名调用。

很多情况下某些函数与类相关，可能不需要使用任何类变量或实例变量就可以实现功能。因此，把某些应该属于某个类的函数放到该类中有利于组织代码。

静态方法相当于一个相对独立的方法，和类其实没什么关系，换个角度来讲，其实就是放在一个类中的函数而已。

在静态方法的方法头前面需要使用@staticmethod 标记。

静态方法没有 cls 参数或 self 参数，就和普通函数一样。

静态方法不能访问实例变量，但可以访问类变量。

可以直接通过类名调用静态方法，也可以通过对象名调用静态方法。

修改 Circle 类，新增一个私有类变量 number_of_objects，统计创建的 Circle 类对象的数目。number_of_objects 的初始值为 0。当创建对象时，number_of_objects 的值就加 1，可以在 __init__ 构造方法中完成这个操作，因为创建对象时，会自动调用 __init__ 构造方法。新增一个静态方法 get_number_of_objects，返回 number_of_objects 的当前值。

下面是修改后的 Circle 类：

```python
class Circle:
    __number_of_objects = 0                 # 私有类变量，初始值为 0
    def __init__(self, radius = 1):
        self.__radius = radius
        Circle.__number_of_objects += 1    # 对象数目加 1
    def set_radius(self, radius):
        self.__radius = radius
    def get_radius(self):
        return self.__radius
    def get_perimeter(self):
        return 2 * 3.14159 * self.__radius
    def get_area(self):
        return 3.14159 * self.__radius ** 2
    @staticmethod
    def get_number_of_objects():            # 静态方法
        return Circle.__number_of_objects
```

例如：

```python
from Circle import Circle
print("当前对象数目:", Circle.get_number_of_objects())    # 类名调用静态方法
c1 = Circle()
print("半径为", c1.get_radius(), "的圆面积:", c1.get_area())
c2 = Circle(5.5)
print("半径为", c2.get_radius(), "的圆面积:", c2.get_area())
print("当前对象数目:", c1.get_number_of_objects())    # 对象名 c1 调用静态方法
```

输出：

当前对象数目：0
半径为 1 的圆面积：3.14159
半径为 5.5 的圆面积：95.0330975
当前对象数目：2

通过类名来调用静态方法 Circle.get_number_of_objects()。此时没有创建任何 Circle 类对象，所以当前对象数目为 0。

创建了对象 c1、c2 后，通过对象名 c1（也可以通过对象名 c2）调用静态方法 c1.get_number_of_objects()。显示当前对象数目为 2。

7.8　使 用 属 性

私有数据域在类内部可以直接访问，在类外部不能直接访问。为了获取私有数据域的值，可以定义一个公有的访问器成员方法来返回私有数据域的值；为了更改私有数据域的值，可以定义一个公有的更改器成员方法来设置私有数据域的值。

但更具 Python 风格的解决方案是使用属性（property）。

修改 Circle 类，使用属性来访问私有数据域。

下面是修改后的 Circle 类：

```
class Circle:
    def __init__(self, radius = 1):
        self.__radius = radius
    def set_radius(self, radius):
        self.__radius = radius
    def get_radius(self):
        return self.__radius
    def get_perimeter(self):
        return 2 * 3.14159 * self.__radius
    def get_area(self):
        return 3.14159 * self.__radius ** 2
    radius = property(get_radius, set_radius)    # radius 属性
```

使用 property 函数来定义属性。property 函数的第一个参数是访问器方法，第二个参数是更改器方法。

例如：

```
from Circle import Circle
c = Circle()                # 圆半径为 1
c.radius = 5.5              # 使用 radius 属性更改圆半径，自动调用 set_radius 方法
print(c.radius)            # 使用 radius 属性访问圆半径，自动调用 get_radius 方法
c.set_radius(100)          # 也可以显式调用 set_radius 方法
print(c.get_radius())      # 也可以显式调用 get_radius 方法
```

输出：

```
5.5
100
```

另一种定义属性的方式是使用修饰符。

下面的例子定义了两个不同的成员方法，方法名都为 radius，但包含不同的修饰符。

（1）@property，用于标记访问器方法。

（2）@radius.setter，用于标记更改器方法。

下面是修改后的 Circle 类：

```python
class Circle:
    def __init__(self, radius = 1):
        self.__radius = radius
    def get_perimeter(self):
        return 2 * 3.14159 * self.__radius
    def get_area(self):
        return 3.14159 * self.__radius ** 2
    @property
    def radius(self):
        return self.__radius
    @radius.setter
    def radius(self, radius):
        self.__radius = radius
```

仍然可以像上面那样通过 radius 属性访问私有数据域 radius。但是 get_radius 方法和 set_radius 方法已经不存在了。

例如：

```python
from Circle import Circle
c = Circle()          # 圆半径为 1
c.radius = 5.5        # 使用 radius 属性更改圆半径
print(c.radius)       # 使用 radius 属性访问圆半径
```

输出：

```
5.5
```

还可以定义返回计算结果值的属性。

下面是修改后的 Circle 类：

```python
class Circle:
    def __init__(self, radius = 1):
        self.__radius = radius
    @property
    def perimeter(self):         # 计算圆周长, 只读属性
        return 2 * 3.14159 * self.__radius

    @property
    def area(self):              # 计算圆面积, 只读属性
        return 3.14159 * self.__radius ** 2
    @property
    def radius(self):
        return self.__radius
    @radius.setter
    def radius(self, radius):
```

```
self.__radius = radius
```

若某一属性没有指定 setter（如 perimeter 属性没有@perimeter.setter），则该属性为只读属性，在类的外部无法对它的值进行设置。

例如：

```
from Circle import Circle
c = Circle()
print(c.perimeter)          # 使用属性求圆周长
print(c.area)               # 使用属性求圆面积
c.radius = 5.5
print(c.perimeter)
print(c.area)
```

输出：

```
6.28318
3.14159
34.55749
95.0330975
```

7.9　运算符重载和特殊方法

重载是指相同的名字或符号具有不同的意义。

```
>>> a = 1
>>> b = 2
>>> a + b
3
```

上面的+表示整数加法。

```
>>> x = 1.5
>>> y = 4.8
>>> x + y
6.3
```

上面的+表示浮点数加法。

```
>>> s1 = "Hello, "
>>> s2 = "World!"
>>> s1 + s2
'Hello, World!'
```

上面的+表示字符串连接。

```
>>> lst1 = [1, 2, 3]
>>> lst2 = [4, 5, 6]
>>> lst1 + lst2
[1, 2, 3, 4, 5, 6]
```

上面的+表示列表连接。

可以看到，同一个运算符+，针对不同的操作数，具有不同的意义。

在 Python 中，整数类 int 对运算符+进行了重载，执行加法操作。浮点数类 float 对运算符+进行了重载，执行加法操作。字符串类 str 对运算符+进行了重载，使其执行字符串连接操作，而不是加法操作。同样，列表类 list 也对运算符+进行了重载，使其执行列表连接操作，而不是加法操作。

但对于用户自定义类，如 Circle，并没有对运算符+进行重载，所以 Circle 对象就不能执行+操作（只是举例，两个圆做加法运算似乎没啥意义，下同）。

```
>>> from Circle import Circle
>>> c1 = Circle()
>>> c2 = Circle(5.5)
>>> c1 + c2
TypeError: unsupported operand type(s) for +: 'Circle' and 'Circle'
```

在 Python 中，重载是通过特殊方法（也称魔法方法）来实现的。如+运算通过特殊方法__add__来实现。

特殊方法以两个下画线开始，两个下画线结尾。例如，特殊方法__add__的方法头：

```
def __add__(self, other):
>>> a = 1
>>> b = 2
>>> a.__add__(b)
3
>>> x = 1.5
>>> y = 4.8
>>> x.__add__(y)
6.3
>>> s1 = "Hello, "
>>> s2 = "World!"
>>> s1.__add__(s2)
'Hello, World!'
>>> lst1 = [1, 2, 3]
>>> lst2 = [4, 5, 6]
>>> lst1.__add__(lst2)
[1, 2, 3, 4, 5, 6]
```

在 Python 中，每一个类都默认内置了所有可能的运算符重载特殊方法，只要重写这个特殊方法，就可以实现针对该运算符的重载。

对于 Circle 类，只要重定义特殊方法__add__，对运算符+进行重载，就可以实现 Circle 对象的+操作。

表 7.1 列举了常用的特殊方法。

表 7.1 特 殊 方 法

运算符	特 殊 方 法	描 述	运算符	特 殊 方 法	描 述
+	__add__(self, other)	加法	==	__eq__(self, other)	等于
−	__sub__(self, other)	减法	!=	__ne__(self, other)	不等于
*	__mul__(self, other)	乘法	+x	__pos__(self)	正数
/	__truediv__(self, other)	除法	−x	__neg__(self)	负数
//	__floordiv__(self, other)	整除	abs(x)	__abs__(self)	绝对值

运 算 符	特 殊 方 法	描　　述	运 算 符	特 殊 方 法	描　　述
%	__mod__(self, other)	求余	int(x)	__int__(self)	转换为整数
**	__pow__(self, other)	幂运算	float(x)	__float__(self)	转换为浮点数
<	__lt__(self, other)	小于	str(x)	__str__(self)	转换为字符串
<=	__le__(self, other)	小于或等于	[index]	__getitem__(self, index)	下标运算
>	__gt__(self, other)	大于	in	__contains__(self, other)	成员关系
>=	__ge__(self, other)	大于或等于	len(x)	__len__(self)	元素个数

修改 Circle 类，重载关系运算符（<、<=、>、>=、==、!=），使用圆半径比较 Circle 对象大小。下面是修改后的 Circle 类：

```python
class Circle:
    def __init__(self, radius = 1):
        self.__radius = radius
    def set_radius(self, radius):
        self.__radius = radius
    def get_radius(self):
        return self.__radius
    def get_perimeter(self):
        return 2 * 3.14159 * self.__radius
    def get_area(self):
        return 3.14159 * self.__radius ** 2
    def __lt__(self, other):        # 重载<运算符
        return self.__radius < other.__radius
    def __le__(self, other):        # 重载<=运算符
        return self.__radius <= other.__radius
    def __gt__(self, other):        # 重载>运算符
        return self.__radius > other.__radius
    def __ge__(self, other):        # 重载>=运算符
        return self.__radius >= other.__radius
    def __eq__(self, other):        # 重载==运算符
        return self.__radius == other.__radius
    def __ne__(self, other):        # 重载!=运算符
        return self.__radius != other.__radius
```

例如：

```python
from Circle import Circle
c1 = Circle()           # 圆半径为 1
c2 = Circle(5.5)        # 圆半径为 5.5
print(c1 < c2)
print(c1 <= c2)
print(c1 > c2)
print(c1 >= c2)
print(c1 == c2)
print(c1 != c2)
```

输出：
```
True
True
False
False
False
True
```

7.10　定　制　类

在 Python 中，类允许重定义许多特殊方法，可以根据需要非常方便地生成特定的类。

（1）__str__和__repr__方法。

返回一个描述该对象的字符串。默认情况下，返回一个由该对象所属的类名以及该对象的十六进制内存地址组成的字符串，这个信息没有实际用处。通常在类中应该重定义__str__和__repr__方法，返回一个代表该对象的有用的描述性字符串。

两者的区别是__str__方法返回用户看到的字符串，而__repr__方法返回程序开发者看到的字符串，也就是说，__repr__方法是为调试程序服务的。通常__str__和__repr__方法的代码都是一样的。

例如：

```python
class Person:
    def __init__(self, name, gender, age):
        self.__name = name
        self.__gender = gender
        self.__age = age
    def __str__(self):
        return "(%s, %s, %d)" % (self.__name, self.__gender, self.__age)
    __repr__ = __str__      # 两者代码一样
person = Person("张三", '男', 22)
print(person)           # 调用__str__
person                  # 调用__repr__
```

输出：
```
(张三, 男, 22)
(张三, 男, 22)
```

（2）__lt__、__le__、__gt__、__ge__、__eq__、__ne__方法。

通常情况下，Python 的 sorted 函数按照默认的比较函数对整数、浮点数、字符串等进行排序。若要对一组自定义类的对象排序时，要求对象之间可以比较大小，根据需要在类中重定义__lt__、__le__、__gt__、__ge__、__eq__、__ne__方法。

下面的 Person 类实现了按年龄（age）进行升序排序。

```python
class Person:
    def __init__(self, name, gender, age):
        self.__name = name
        self.__gender = gender
```

```
            self.__age = age
        def __str__(self):
            return "(%s, %s, %d)" % (self.__name, self.__gender, self.__age)
        __repr__ = __str__      # 两者代码一样
        def __lt__(self, other):     # 按年龄升序排序
            return self.__age < other.__age
lst = [Person("张三", '男', 22), Person("李四", '女', 18), Person("王五", '男', 20)]
print(lst)
lst = sorted(lst)
print(lst)
```
输出：
```
[(张三, 男, 22), (李四, 女, 18), (王五, 男, 20)]
[(李四, 女, 18), (王五, 男, 20), (张三, 男, 22)]
```
（3）__len__方法。

返回元素的个数。若要像列表一样，知道自定义类对象中的元素个数，应该在类中重定义__len__方法。

例如：
```
class Person:
    def __init__(self, *args):
        self.__names = args
    def __str__(self):
        return str(self.__names)
    __repr__ = __str__      # 两者代码一样
    def __len__(self):
        return len(self.__names)
person = Person("张三", "李四", "王五")
print(person)
print(len(person))
```
输出：
```
('张三', '李四', '王五')
3
```
（4）__slots__方法。

Python 是动态语言。正常情况下，定义一个类并创建该类的一个对象后，在运行期就可以给该对象动态地添加任何属性，这就是动态语言的灵活性。

例如：
```
class Person:
    pass
person = Person()
person.name = "张三"      # 动态添加属性
print(person.name)
```
输出：
```
张三
```
如果要限制动态添加属性，例如，Person 类只允许添加 name、gender 和 age 这 3 个属性，就

可以利用 Python 的一个特殊的__slots__方法来实现。顾名思义，__slots__是指一个类允许的属性列表。

例如：

```
class Person:
        __slots__ = ("name", "gender", "age")
person = Person()
person.name = "张三"
person.gender = "男"
person.age = "22"
person.address = "余杭塘路2318号"          # 动态添加属性，错误
```

输出：

```
AttributeError: 'Person' object has no attribute 'address'
```

（5）__call__方法。

函数能像普通变量一样使用。

例如：

```
fun = abs               # 把函数名赋给变量
print(fun.__name__)     # 获取函数名
print(fun(-123))        # 调用函数
```

输出：

```
abs
123
```

由于 fun 可以被调用，所以 fun 称为可调用对象。

所有的函数都是可调用对象。

一个类对象也可以变成一个可调用对象，只需要在类中重定义__call__方法。

例如：

```
class Person:
    def __init__(self, name, gender, age):
        self.__name = name
        self.__gender = gender
        self.__age = age
    def __str__(self):
        return "(%s, %s, %d)" % (self.__name, self.__gender, self.__age)
    __repr__ = __str__        # 两者代码一样
    def __call__(self, friend):
        print(self)
        print("我女朋友是" + friend)
person = Person("张三", '男', 22)
person("李四")    # 直接调用 person 对象
```

输出：

```
(张三, 男, 22)
我女朋友是李四
```

__call__方法可以带参数。

在 Python 中，可以把函数看成对象，把对象看成函数。

可以使用callable函数来判断一个对象是否是可调用对象。下面用到的fun、Person和person 在前面已经定义过了。

例如：

```
print(callable(abs))
print(callable(fun))
print(callable(Person))
print(callable(person))
print(callable([1, 2, 3]))
print(callable(None))
print(callable("abc"))
```

输出：

```
True
True
True
True
False
False
False
```

7.11　迭　代　器

可迭代对象（Iterable），简单理解就是可以直接作用于for语句的对象。比如字符串str、列表list、元组tuple、集合set和字典dict都是可迭代对象。

可以使用 isinstance 函数来判断一个对象是否是可迭代对象，返回值为 True 时即为可迭代对象。

例如：

```
from collections import Iterable
print(isinstance("abc", Iterable))       # 字符串
print(isinstance([], Iterable))          # 列表
print(isinstance((), Iterable))          # 元组
print(isinstance(set(), Iterable))       # 集合
print(isinstance({}, Iterable))          # 字典
print(isinstance(88, Iterable))
```

输出：

```
True
True
True
True
True
False
```

分析对可迭代对象进行迭代的过程，可以发现每迭代一次（即在 for 语句中每循环一次）都会返回对象中的下一条数据，一直向后读取数据直到迭代了所有的数据后结束。在这个过程中就应该有一种机制去记录每次访问到了第几条数据，以便每次迭代都可以返回下一条数据。这种机

制称为迭代器（Iterator）。

可以使用 isinstance 函数来判断一个对象是否是迭代器，返回值为 True 时即为迭代器。

例如：

```
from collections import Iterator
print(isinstance("abc", Iterator))          # 字符串
print(isinstance([], Iterator))             # 列表
print(isinstance((), Iterator))             # 元组
print(isinstance(set(), Iterator))          # 集合
print(isinstance({}, Iterator))             # 字典
print(isinstance(88, Iterator))
```

输出：

```
False
False
False
False
False
False
```

字符串 str、列表 list、元组 tuple、集合 set 和字典 dict 虽然都是可迭代对象，却不是迭代器。

可以使用 iter 函数把字符串 str、列表 list、元组 tuple、集合 set 和字典 dict 等可迭代对象转换为迭代器。

例如：

```
from collections import Iterator
print(isinstance(iter("abc"), Iterator))        # 字符串
print(isinstance(iter([]), Iterator))           # 列表
print(isinstance(iter(()), Iterator))           # 元组
print(isinstance(iter(set()), Iterator))        # 集合
print(isinstance(iter({}), Iterator))           # 字典
```

输出：

```
True
True
True
True
True
```

每一个迭代器都支持 next 函数。

通过 iter 函数获取可迭代对象的迭代器，然后可以对获取到的迭代器不断使用 next 函数获取下一条数据，直到最后抛出 StopIteration 异常，表示无法继续获取下一个值了。

例如：

```
lst = [1, 2, 3]
it = iter(lst)
print(next(it))
print(next(it))
print(next(it))
print(next(it))
```

输出：

1

2

3

StopIteration

也可以这样认为，被 next 函数调用并不断返回下一个值的对象称为迭代器。

可迭代对象具有__iter__方法。迭代器具有__iter__和__next__方法。__iter__方法返回迭代器，__next__方法返回迭代器的下一个元素，直到结尾抛出 StopIteration 异常。iter 函数实际上就是调用了__iter__方法，next 函数实际上就是调用了__next__方法。

若要 for 语句可以直接作用于自定义类对象，则必须在类中重定义__iter__和__next__方法。

【例 7.4】编写程序，自定义迭代器生成斐波那契数列。

```
1  class Fibs:
2     def __init__(self, n):
3        self.__a = 0
4        self.__b = 1
5        self.__count = 1
6        self.__n = n
7     def __iter__(self):
8        return self
9     def __next__(self):
10       if self.__count <= self.__n:
11          r = self.__a
12          self.__a, self.__b = self.__b, self.__a + self.__b
13          self.__count += 1
14          return r
15       raise StopIteration
16  fibs = Fibs(5)
17  for i in fibs:
18     print(i)
```

【运行示例】

0

1

1

2

3

第 3 行 self.__a 初始值为 0，表示斐波那契数列第 1 项是 0。第 4 行 self.__b 初始值为 1，表示斐波那契数列第 2 项是 1。整个斐波那契数列从 0 开始。

第 5 行 self.__count 初始值为 1，表示计数器，统计当前的斐波那契数列的项数。第 6 行 self.__n 中存放的是要生成的斐波那契数列的总项数。

第 10 行，只要 self.__count 的值不大于 self.__n，就返回斐波那契数列下一项的值。否则，第 15 行抛出 StopIteration 异常。

7.12　生　成　器

生成器（Generator）其实是一种特殊的迭代器。生成器的行为与迭代器完全相同，这意味着生成器也可用于 for 语句，在每次迭代时返回一个值，直到抛出 StopIteration 异常。

创建生成器最简单的方法是使用生成器表达式。生成器表达式看起来与列表解析相似，但不是用方括号而是用圆括号包围起来。

例如：

```
g = (x * x for x in range(5))
print(next(g))
print(next(g))
print(next(g))
print(next(g))
print(next(g))
print(next(g))
```

输出：

```
0
1
4
9
16
StopIteration
```

如何输出生成器的每一个元素呢？若要一个一个输出，可以通过 next 函数获得生成器的下一个返回值。

当然，上面这种不断调用 next 函数的方法并不合适，正确的方法是使用 for 语句，因为生成器也是迭代器。

例如：

```
g = (x * x for x in range(5))
for i in g:
    print(i)
```

输出：

```
0
1
4
9
16
```

自定义一个生成器比自定义一个迭代器要简单不少，因为迭代器需要自己去定义一个类并实现相关的__iter__和__next__方法，而生成器则只要在普通函数中加上一个 yield 语句即可。

一个带有 yield 语句的函数就是一个生成器函数，当使用 yield 语句时，它自动创建了__iter__和__next__方法，而且在没有数据时，也会抛出 StopIteration 异常，非常简洁和高效。

例如：

```
def generator():     # 生成器函数
    yield 0
    yield 1
    yield 2

g = generator()      # 调用生成器函数，没有立即执行，返回一个生成器
print(next(g))       # 使用 next 函数时开始执行，遇到 yield 暂停，返回 0
print(next(g))       # 从原来暂停的地方继续执行，遇到 yield 暂停，返回 1
print(next(g))       # 从原来暂停的地方继续执行，遇到 yield 暂停，返回 2
print(next(g))       # 从原来暂停的地方继续执行，没有 yield，抛出异常
输出：
0
1
2
StopIteration
```

整个过程看起来就是不断地执行—中断—执行—中断的过程。一开始，调用生成器函数的时候，函数不会立即执行，而是返回一个生成器对象；然后，当使用 next 函数作用于它的时候，它开始执行，遇到 yield 语句的时候，执行被中断，并返回当前的迭代值，要注意的是，此刻会记住中断的位置和所有的变量值，也就是执行时的上下文环境被保留起来；当再次使用 next 函数的时候，从原来中断的地方继续执行，直至遇到 yield，如果没有 yield，则抛出异常。

注意： 生成器函数没有办法使用 return 语句来返回值。在一个生成器函数中，如果没有 return 语句，则默认执行到函数完毕时返回 StopIteration；如果在执行过程中遇到 return 语句，则直接抛出 StopIteration 异常并终止迭代；若在 return 后返回一个值，那么这个值为 StopIteration 异常的说明，而不是函数返回值。

【例 7.5】 编写程序，自定义生成器生成斐波那契数列。

```
1  def fibs(n):
2      a, b, count = 0, 1, 1
3      while count <= n:
4          yield a
5          a, b = b, a + b
6          count += 1
7  for i in fibs(5):
8      print(i)
```

【运行结果】

```
0
1
1
2
3
```

创建了一个生成器后，基本上不会使用 next 函数，而是通过 for 语句来迭代它，并且不需要关心 StopIteration 异常。

7.13　处理日期和时间

程序中经常需要处理日期和时间。

Python 提供了一个处理日期和时间的 datetime 模块。

datetime 模块包含：表示日期的 date 类；表示时间的 time 类；表示日期和时间的 datetime 类；表示日期或时间间隔的 timedelta 类，以及表示时区的 tzinfo 类。

datetime 模块还提供了两个常量：datetime.MINYEAR，表示 date 对象或 datetime 对象中允许的最小年份，值为 1；datetime.MAXYEAR，表示 date 对象或 datetime 对象中允许的最大年份，值为 9999。

7.13.1　datetime 类

datetime 类是 date 类与 time 类的组合，涵盖了 date 类与 time 类的所有功能。

要使用 datetime 类，首先要从 datetime 模块导入 datetime 类：

```
from datetime import datetime
```

通过 datetime 类创建 datetime 对象，使用 datetime 对象的属性和方法处理日期和时间。

datetime 类的构造函数如下：

```
datetime(year, month, day, hour=0, minute=0, second=0, microsecond=0,
tzinfo=None)
```

其中：

```
MINYEAR <= year <= MAXYEAR
1 <= month <= 12
1 <= day <= 给定月份的天数
0 <= hour < 24
0 <= minute < 60
0 <= second < 60
0 <= microsecond < 1000000
```

若给定的参数超出上述范围，则产生 ValueError 异常。

例如：

```
>>> dt = datetime(2017, 12, 12, 11, 11, 11, 8)
>>> dt
datetime.datetime(2017, 12, 12, 11, 11, 11, 8)
```

表示 2017 年 12 月 12 日 11 时 11 分 11 秒 8 毫秒。

datetime.today()类方法返回表示当前本地日期时间的 datetime 对象。

例如：

```
>>> dt = datetime.today()
>>> dt
datetime.datetime(2017, 12, 12, 16, 44, 58, 768016)
```

datetime.now(tz=None)类方法返回表示当前本地日期时间的 datetime 对象，如果提供了参数 tz，则获取 tz 参数所指时区的本地日期时间。

例如：

```
>>> dt = datetime.now()
>>> dt
datetime.datetime(2017, 12, 12, 16, 50, 16, 111493)
```

datetime.utcnow()类方法返回表示当前协调世界时日期时间的 datetime 对象。协调世界时（Coordinated Universal Time，UTC）取代格林威治时间作为世界标准时间。为了方便，在不需要精确到秒的情况下，通常将格林威治时间和协调世界时视作等同。但协调世界时更加科学更加精确。

例如：

```
>>> dt = datetime.utcnow()
>>> dt
datetime.datetime(2017, 12, 12, 8, 57, 48, 203089)
```

datetime 类还提供了如下常用属性：

- datetime.min：datetime 所能表示的最小值，等价于 datetime(1, 1, 1, tzinfo=None)。
- datetime.max：datetime 所能表示的最大值，等价于 datetime(9999, 12, 31, 23, 59, 59, 999999, tzinfo=None)。
- datetime.year：datetime 包含的年份。
- datetime.month：datetime 包含的月份。
- datetime.day：datetime 包含的月内的天数。
- datetime.hour：datetime 包含的小时数。
- datetime.minute：datetime 包含的分钟数。
- datetime.second：datetime 包含的秒数。
- datetime.microsecond：datetime 包含的微秒数。

datetime 对象提供了如下常用实例方法：

datetime.date()：返回表示当前日期的 date 对象。

例如：

```
>>> dt = datetime.now()
>>> dt.date()
datetime.date(2017, 12, 12)
```

datetime.time()：返回表示当前时间的 time 对象。

例如：

```
>>> dt.time()
datetime.time(20, 21, 32, 223601)
```

datetime.replace(year, month, day, hour, minute, second, microsecond)：生成一个新的日期时间对象，用参数指定的年、月、日及时、分、秒、微秒代替原有对象中的属性（原有对象保持不变）。

例如：

```
>>> dt2 = dt.replace(2016, 11, 11)
>>> dt
datetime.datetime(2017, 12, 12, 20, 21, 32, 223601)
>>> dt2
datetime.datetime(2016, 11, 11, 20, 21, 32, 223601)
```

datetime.isoweekday()：返回符合 ISO 标准的指定日期所在的星期数（周一为 1……周日为 7）。

例如：

```
>>> dt.isoweekday()
2
```

2017 年 12 月 12 日是周二。

datetime.isocalendar()：返回一个包含 3 个值的元组，3 个值依次为年份（ISO year）、周数（ISO week number）、星期数（ISO weekday）。

例如：

```
>>> dt.isocalendar()
(2017, 50, 2)
```

2017 年 12 月 12 日位于 2017 年第 50 周，周二。

datetime.isoformat(sep='T', timespec='auto')：返回符合 ISO 8601 格式的日期时间字符串，YYYY-MM-DDTHH:MM:SS.mmmmmm 或 YYYY-MM-DDTHH:MM:SS（若微秒数为 0），sep 指定日期和时间之间的分隔符。

例如：

```
>>> dt.isoformat(' ')
'2017-12-12 20:21:32.223601'
```

这里指定分隔符为空格。

datetime.strftime(format)：返回符合 format 格式的日期时间字符串。表 7.2 列举了 format 格式常用的格式符。

表 7.2　常用的格式符

格式符	描　　　述	格式符	描　　　述
%a	简化星期名，如 Tue	%H	24 小时制小时数，00～23
%A	完整星期名，如 Tuesday	%I	12 小时制小时数，01～12
%b	简化月份名，如 Dec	%M	分钟数，00～59
%B	完整月份名，如 December	%S	秒数，00～59
%y	两位数的年份，00～99	%f	微秒数，000000～999999
%Y	四位数的年份，0001～9999	%p	上午或下午，AM 或 PM
%m	月份，01～12	%j	年内的天数，001～366
%d	月内的天数，01～31	%%	%

例如：

```
>>> dt.strftime("%Y-%m-%d, %A")
'2017-12-12, Tuesday'
>>> dt.strftime("%Y/%m/%d %H:%M:%S%p")
'2017/12/12 20:21:32PM'
>>> dt.strftime("%Y 年%m 月%d 日 %H 时%M 分%S 秒")
'2017 年 12 月 12 日 20 时 21 分 32 秒'
```

【例 7.6】编写程序，自定义 Date 类，给定一个日期 yyyy.mm.dd，求该日期是星期几。定义 get_weekday 方法，如果日期合法，返回 1～7 中某个数值，表示星期一到星期天中某一天（其中 1 为星期一），如果日期不合法，则返回-1。例如 2000 年 1 月 1 日是星期六。求星期几的表达式为(6 + 2000 年 1 月 1 日至输入日期的天数 − 1) % 7 + 1。

```
1   class Date:
2       def __init__(self, year, month, day):
3           self.__year = year
4           self.__month = month
5           self.__day = day
6       def get_weekday(self):
7           month_days = [0, 31, 28, 31, 30, 31, 30, 31, 31, 30, 31, 30, 31]
8           if self.__year < 2000 or self.__year > 9999:
9               return -1
10          if self.__month < 1 or self.__month > 12:
11              return -1
12          if self.__day < 1 or self.__day > month_days[self.__month]:
13              return -1
14          total = 0
15          # 处理年
16          for i in range(2000, self.__year):
17              if self.__is_leap_year(i):
18                  total += 366
19              else:
20                  total += 365
21          # 处理月
22          for i in range(1, self.__month):
23              total += month_days[i]
24          if self.__is_leap_year(self.__year):
25              if self.__month >= 2:
26                  total += 1
27          # 处理日
28          total += self.__day - 1     # 除去 2000 年 1 月 1 日
29          return (6 + total - 1) % 7 + 1
30      def __is_leap_year(self, year):
31          return (year % 4 == 0 and year % 100 != 0) or (year % 400 == 0)
32  def main():
33      line = input("请输入一个日期: ").split('.')
34      year, month, day = (int(value) for value in line)
35      d = Date(year, month, day)
36      print(d.get_weekday())
37  main()
```

【运行示例】

请输入一个日期: 2017.12.16
6
请输入一个日期: 2013.2.29
−1

第 7 行是存放平年每月天数的列表。因为列表下标从 0 开始，为了方便编程，列表增加了 1 列，为 13 列，第 0 列只起到占位作用，没有其他用途。这样使得列表的第 1 列（month_days [1]）

对应 1 月份，第 2 列（month_days [2]）对应 2 月份，依此类推，month_days[k]代表平年第 k 月的天数。

第 30、31 行是 __is_leap_year 私有方法，用于判断闰年。第 24～26 行，若是闰年，月份大于或等于 2 月，则天数加 1。

其实利用 datetime 类，可以非常简捷地解决上述问题。

例如：

```
>>> from datetime import datetime
>>> dt = datetime(2017, 12, 16)
>>> dt.isoweekday()
6
>>> dt = datetime(2013, 2, 29)
ValueError: day is out of range for month
```

不正确的日期会产生 ValueError 异常。

7.13.2　timedelta 类

timedelta 表示日期或时间间隔，两个 datetime 对象相减就返回 timedelta 对象。

要使用 timedelta 类，首先要从 datetime 模块导入 timedelta 类：

```
from datetime import timedelta
```

datetime 类的构造函数如下：

```
timedelta(days=0, seconds=0, microseconds=0, milliseconds=0, minutes=0,
hours=0, weeks=0)
```

所有参数可选，且默认值都是 0，参数值可以是整数或浮点数，可以是正值或负值。

构造函数只存储 days、seconds、microseconds，其他参数值会按如下规则自动转换：

- 1 毫秒（milliseconds）转换成 1000 微秒（microseconds）。
- 1 分钟（minutes）转换成 60 秒（seconds）。
- 1 小时（hours）转换成 3600 秒（seconds）。
- 1 周（weeks）转换成 7 天（days）。

其中：

```
0 <= microseconds < 1000000
0 <= seconds < 3600 * 24（一天的秒数）
-999999999 <= days <= 999999999
```

若超出上述范围，则产生 OverflowError 异常。

timedelta 类提供了如下属性：

- timedelta.min：timedelta 所能表示的最小值，等价于 timedelta((-999999999)。
- timedelta.max：timedelta 所能表示的最大值，等价于 timedelta(days=999999999, hours=23, minutes=59, seconds=59, microseconds=999999)。

例如：

```
>>> timedelta.min
datetime.timedelta(-999999999)
>>> timedelta.max
datetime.timedelta(999999999, 86399, 999999)
```

timedelta 对象提供了如下实例只读属性：

- timedelta.days：取值在−999999999～999999999 之间。
- timedelta.seconds：取值在 0～86399 之间。
- timedelta.microseconds：取值在 0～999999 之间。
- timedelta.total_seconds()：返回以秒为单位的日期或时间间隔。

例如：

```
>>> td = timedelta(microseconds=16243258885666)
>>> td.days
188
>>> td.seconds
58
>>> td.microseconds
885666
```

假设 t、t1、t2 是 timedelta 对象，i 为整数、f 为浮点数。timedelta 对象支持如下运算：t = t1 + t2、t = t1 − t2、t = t1 * i 或 t = i * t1，t = t * f 或 t = f * t、t = t1 / t2 或 t = t1 / i 或 t = t1 / f，t = t1 // t2 或 t = t1 // i、t = t1 % t2 或 divmod(t1, t2)、+t、−t、abs(t) 和 str(t)。

例如：

```
>>> t1 = timedelta(seconds=9)
>>> t2 = timedelta(days=1, seconds=8)
>>> t = t1 + t2
>>> t.days
1
>>> t.seconds
17
>>> t = t1 - t2
>>> t.days
-1
>>> t.seconds
1
>>> t = t1 * 9
>>> t.days
0
>>> t.seconds
81
>>> t = 9.5 * t2
>>> t.days
9
>>> t.seconds
43276
>>> t = t2 / t1
>>> t
9600.888888888889
>>> t = t2 // t1
>>> t
```

```
9600
>>> t = t1 % t2
>>> t
datetime.timedelta(0, 9)
>>> divmod(t2, t1)
(9600, datetime.timedelta(0, 8))
>>> t1
datetime.timedelta(0, 9)
>>> -t1
datetime.timedelta(-1, 86391)
>>> str(t2 - t1)
'23:59:59'
```

timedelta 对象提供了如下实例方法:

- timedelta.total_seconds(): 返回以秒为单位的日期或时间间隔。

例如:

```
>>> today = datetime.now()
>>> next_day = today + timedelta(days=1)
>>> span = abs(today - next_day)
>>> span.total_seconds()
86400.0
```

【例 7.7】编写程序, 自定义 Date 类来表示日期, 给定两个日期 yyyy.mm.dd, 求两个日期间相差的天数。

```
1   class Date:
2       def __init__(self, year, month, day):
3           self.__year = year
4           self.__month = month
5           self.__day = day
6       def __sub__(self, other):
7           return abs(self.__get_current_days() - other.__get_current_days())
8       # 计算当前日期到 0 年 0 月 0 日的天数
9       def __get_current_days(self):
10          month_days = [
11              [0, 31, 28, 31, 30, 31, 30, 31, 31, 30,31, 30, 31],
12              [0, 31, 29, 31, 30, 31, 30, 31, 31, 30,31, 30, 31]
13          ]
14          total = 0
15          # 处理 0 年至当前年-1
16          for i in range(self.__year):
17              if self.__is_leap_year(i):
18                  total += 366
19              else:
20                  total += 365
21          # 处理月
22          for i in range(1, self.__month):
23              total += month_days[int(self.__is_leap_year(self.__year))][i]
24          # 处理日
```

```
25          total += self._ _day
26          return total
27      def _ _is_leap_year(self, year):
28          return (year % 4 == 0 and year % 100 != 0) or (year % 400 == 0)
29  def main():
30      line = input("请输入第一个日期: ").split('.')
31      year, month, day = (int(value) for value in line)
32      date1 = Date(year, month, day)
33      line = input("请输入第二个日期: ").split('.')
34      year, month, day = (int(value) for value in line)
35      date2 = Date(year, month, day)
36      print(date1 - date2)
37  main()
```

【运行示例】

请输入第一个日期: 2000.02.28
请输入第二个日期: 2000.03.01
2
请输入第一个日期: 2351.11.27
请输入第二个日期: 6297.01.21
1440938

第6、7行重定义了__sub__方法，两个 Date 对象相减得到两个日期间相差的天数。

第10～13行是存放每月天数的二维列表。由于2月的天数在闰年和平年是不同的，可以设计成2行12列的二维列表，平年各月的天数存放在第0行，闰年各月的天数存放在第1行。因为列表下标从0开始，为了方便编程，列表增加了1列，为13列，第0列只起到占位作用，没有其他用途。这样使得列表的第1列（month_days [0][1]或 month_days [1][1]）对应1月，第2列（month_days [0][2]或 month_days [1][2]）对应2月，依此类推，month_days[0][k]代表平年第 k 月的天数，month_days[1][k]代表闰年第 k 月的天数。

第23行，若self.__year是平年，返回 False，此时int(False)为0作为行下标，month_days[int (self.__is_leap_year(self._ _year))][i]等价于 month_days [0][i]；若 self._ _year 是闰年，返回 True，此时int(True)为1作为行下标，month_days[int(self.__is_leap_year(self.__year))][i]等价于 month_days [1][i]。

其实利用 datetime 和 timedelta 类，可以非常简捷地解决上述问题。

例如：

```
>>> from datetime import datetime
>>> from datetime import timedelta
>>> dt1 = datetime(6297, 1, 21)
>>> dt2 = datetime(2351, 11, 27)
>>> td = dt1 - dt2
>>> td.days
1440938
```

思考与练习

1. 找出下列程序中的错误。
```python
class A:
    def __init__(self, x):
        self.x = x;
def main():
    a = A()
    print(a.x)
main()
```

2. 找出下列程序中的错误。
```python
class A:
    def __init__(self, x):
        self.__x = x;
def main():
    a = A(8)
    print(a.__x)
main()
```

3. 找出下列程序中的错误。
```python
class A:
    def __init__(self, s):
        self.s = s
    def print(self):
        print(s)
a = A("Welcome")
a.print()
```

4. 写出下列程序的输出结果。
```python
class A:
    x = 0
    def __init__(self, y = 0):
        self.y = y;
    def fun(self):
        z = 0
        A.x += 1
        self.y += 1
        z += 1
        print(A.x, self.y, z)
def main():
    a1 = A()
    a2 = A(8)
    a1.fun()
    a2.fun()
    a1.fun()
main()
```

5. 写出下列程序的输出结果。

```
class A:
    def __init__(self, count = 0):
        self.count = count
def modify(a, n):
    a = A(8)
    n = 5
def main():
    a = A()
    n = 1
    modify(a, n)
    print(a.count, n)
main()
```

6. 写出下列程序的输出结果。

```
class A:
    def __init__(self):
        self.count = 0
def increase(a, n):
    a.count += 1
    n += 1
def main():
    a = A()
    n = 0
    for i in range(100):
        increase(a, n)
    print(a.count, n)
main()
```

7. 写出下列程序的输出结果。

```
class A:
    def __init__(self, count = 0):
        self.__count = count
a1 = A(2)
a2 = A(2)
print(id(a1) == id(a2))
```

8. 判断下列说法的对错。

（1）类的构造方法是__init__()。

（2）在类的外部，没有任何办法可以访问对象的私有成员。

（3）自定义类时，实例方法的第一个参数名称必须是 self。

（4）自定义类时，实例方法的第一个参数名称不管是什么，都表示对象自身。

（5）自定义类时，在方法前面使用@classmethod 进行修饰，则该方法属于类方法。

（6）自定义类时，在一个方法前面使用@staticmethod 进行修饰，则该方法属于静态方法。

（7）通过对象不能调用类方法和静态方法。

（8）自定义类时，运算符重载是通过重定义特殊方法来实现的。

（9）自定义类时，实现了__mul__()方法，该类对象即可支持运算符**。

（10）在面向对象程序设计中，函数和方法是完全一样的。

9. 写出下列语句的输出结果。

```python
print(callable(int))
print(callable(8.5))
print(callable(lambda x : x ** 2))
print(isinstance([1, 2, 3], Iterable))
print(isinstance([1, 2, 3], Iterator))
```

10. 写出下列程序的输出结果。

```python
from datetime import datetime
dt = datetime(2017, 12, 11, 23, 59, 58)
print(dt.min)
print(dt.max)
print(dt.date())
print(dt.time())
dt2 = dt.replace(month=11)
print(dt.strftime("%Y 年%m 月%d 日 %H 时%M 分%S 秒"))
print(dt2.strftime("%Y 年%m 月%d 日 %H 时%M 分%S 秒"))
```

编 程 题

1. 声明并实现一个 Point 类，表示直角坐标系中的一个点。Point 类包括：

- 私有数据域 x 和 y，表示坐标。
- 构造方法，将坐标设置为给定的参数。坐标默认参数值为原点。
- 访问器方法 get_x 和 get_y，分别用于访问点的 x 坐标和 y 坐标。
- 成员方法 distance，计算两个点之间的距离。

输入两个点坐标，创建两个 Point 对象，输出两个点之间的距离。结果保留 2 位小数。

【运行示例】

请输入第一个点坐标：1,1

请输入第二个点坐标：4,5

点(1,1)和点(4,5)之间的距离：5.00

2. 声明并实现一个 Rectangle 类，表示矩形。Rectangle 类包括：

- 私有数据域 width 和 height，表示矩形的宽和高。
- 构造方法，将矩形的宽和高设置为给定的参数。宽和高的默认参数值为 1。
- 属性 width 和 height，分别用于修改或访问矩形的宽和高。
- 成员方法 compute_area，返回矩形的面积。
- 成员方法 compute_perimeter，返回矩形的周长。

输入两个矩形的宽度和高度，创建两个 Rectangle 对象，输出两个矩形的面积和周长。修改第一个矩形的宽度为 12.11、高度为 6.18，输出修改后的矩形面积和周长。结果保留 2 位小数。

【运行示例】

请输入第一个矩形的宽度和高度：5,40

请输入第二个矩形的宽度和高度：10,3.5
宽为 5 和高为 40 的矩形面积:200.00，周长:90.00
宽为 10 和高为 3.5 的矩形面积:35.00, 周长:27.00
宽为 12.11 和高为 6.18 的矩形面积:74.84, 周长:36.58

3. 编写程序，实现有理数的表示和算术运算。

有理数是由分子和分母组成的 a/b 形式的数，a 是分子，b 是分母。例如，1/3、3/4 和 10/4 等都是有理数。有理数不能以 0 为分母，但可以以 0 为分子。整数 a 等价于有理数 a/1。

有理数用于包含分数的精确运算。例如，1/3=0.333 333…，这个数是不能用浮点数精确表示，为了得到精确的结果，必须使用有理数。

一个有理数可能有很多与其值相等的其他有理数，例如，1/3=2/6=3/9=4/12。为简单起见，用 1/3 表示所有值等于 1/3 的有理数。因此，需要对有理数进行优化，使分子和分母之间没有公约数（1 除外）。求分子和分母绝对值的最大公约数，然后将分子和分母都除以此最大公约数，得到有理数的优化表示形式。

声明并实现一个 Rational 类，表示有理数。Rational 类包括:

- 私有数据域 numerator、denominator，表示分子、分母。
- 构造方法，将分子、分母设置为给定的参数。分子、分母的默认参数值为 0、1。
- 只读属性 numerator、denominator，用于访问分子、分母。
- 重载运算符，实现有理数的 +、−、× 和 ÷ 运算。
- 重载运算符，判断一个有理数与另一个有理数是否相等。如果相等，返回 True，否则返回 False。
- 重定义 __int__ 方法，将有理数转换为整数。
- 重定义 __float__ 方法，将有理数转换为浮点数。
- 重定义 __str__ 方法，输出一个有理数。

对于两个有理数 $\dfrac{a}{b}$ 和 $\dfrac{c}{d}$，有理数加法的定义如下:

$$\frac{a}{b}+\frac{c}{d}=\frac{ad+bc}{bd}$$

分子=a*d+b*c
分母=b*d

运算完毕，需要对此有理数进行优化。

有理数减法的定义如下:

分子=a*d−b*c
分母=b*d

运算完毕，需要对此有理数进行优化。

有理数乘法的定义如下:

分子=a*c
分母=b*d

运算完毕，需要对此有理数进行优化。

有理数除法的定义如下:

　　　分子=a*d
　　　分母=b*c
运算完毕，需要对此有理数进行优化。

　　因为在对有理数进行各种运算后都需对其进行优化，所以判定两个有理数是否相等只需判定它们两个的分子和分母分别相等即可。

【运行示例】

请输入第一个有理数的分子和分母：4,2
请输入第二个有理数的分子和分母：7,3
有理数 2
有理数 7/3
2+7/3=13/3
2-7/3=-1/3
2*7/3=14/3
2/7/3=6/7
2!=7/3
7/3 转换为整数 2
7/3 转换为浮点数 2.3333333333333335

　　4. 编写程序，若已知 1800 年 1 月 1 日为星期三，则对于一个给定的年份和月份，输出这个月的最后一天是星期几。

【运行示例】

请输入年份：2017
请输入月份：2
2
请输入年份：2033
请输入月份：12
6

　　5. 编写程序，计算在 1901 年 1 月 1 日至 2000 年 12 月 31 日间共有多少个星期天落在每月的第一天上？已知 1900 年 1 月 1 日是星期一。

【运行示例】

171

第 8 章 继承和多态

面向对象程序设计的三大特性是封装（Encapsulation）、继承（Inheritance）和多态（Polymorphism）。封装是基础，继承是核心，多态是补充。通过类将数据和对数据的处理过程封装为一个有机的整体。继承是提高软件可重用性的重要方法。多态进一步增强了软件可重用性和可维护性。

8.1 继承的概念

继承就是在一个或多个已有的类的基础上经过扩充及适当的修改构造出一个新类。已有的类称为基类或父类，构造出的新类称为派生类或子类。子类继承了父类中所有可访问的数据域和方法，还可以增加新的数据域和方法。

假设已经声明并实现了 Student 类（表示学生），而在一个新的程序中需要声明并实现 Undergraduate 类（表示本科生）。由于本科生也是学生，本科生和学生之间的这种 is-a 关系可以用继承来描述，没必要从头开始编写一个新的类，只要继承 Student 类并添加一些本科生特有的数据域和方法就可以得到新的 Undergraduate 类，如图 8.1（a）所示，图中空心三角形表示类之间的继承关系。

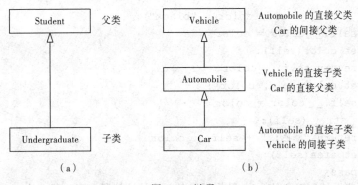

图 8.1 继承

子类同样能作为其他类的父类。如图 8.1（b）所示，Automobile 类（表示汽车）从 Vehicle 类（表示交通工具）派生而来，Car 类（表示轿车）则从 Automobile 类派生而来。这种多层继承关系也称类层次结构。

通过继承，子类不用再去重复定义父类已有的数据域和方法，促进了代码重用，提高了开发效率。如果父类中的代码是正确的，那么子类中从父类继承的代码也是正确的。

如图 8.2（a）所示，一个子类只有一个直接父类的情况称为单继承。如图 8.2（b）所示，一个子类可以同时有多个直接父类的情况称为多继承。Python 支持单继承和多继承。

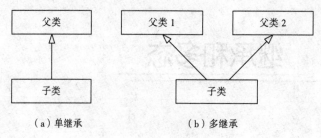

（a）单继承　　　　　　　　　（b）多继承

图 8.2　单继承和多继承

8.2　单　继　承

单继承的语法如下：

```
class 子类名(父类名):
    类体
```

class 是关键字。父类名是已有的类的名称，子类名是在一个已有的类的基础上通过继承而构造的新类的名称。

不同类可能会有一些共有的属性和行为，可以把它们都囊括在一个类中，该类称为通用类。根据需求，从通用类派生出特殊类，特殊类继承了通用类中的属性和方法。

假设要处理圆、矩形等几何图形。几何图形有许多共有的属性和行为，例如绘制颜色、计算面积等。可以设计通用类 Shape，当需要处理不同的几何图形时，只需从父类 Shape 派生出新的子类，例如，Circle 类表示圆，Rectangle 类表示矩形。

Shape 类如下：

```
class Shape:
    def __init__(self, color = "black"):
        self.__color = color
    def get_color(self):
        return self.__color
    def set_color(self, color):
        self.__color = color
    def __str__(self):
        return "颜色: " + self.__color
    def get_area(self):
        pass
```

Shape 类包括表示绘制颜色的 color 数据域及其对应的访问器和更改器方法；__str__特殊方法，返回描述几何图形的字符串；计算面积的 get_area 方法，该方法啥也不做，被称为"虚"方法。

圆具有几何图形共有的属性和方法。可以从 Shape 类派生出 Circle 类。Circle 类继承了 Shape 类所有可访问的数据域和方法，新增了表示圆半径的 radius 数据域及其对应的访问器方法和更改器方法，重定义了计算圆面积的 get_area 方法和 __str__ 特殊方法。__str__ 方法返回描述圆的字符串。

Circle 类如下：

```python
from Shape import Shape
import math
class Circle(Shape):                    # 继承了 Shape 类
    def __init__(self, radius):
        super().__init__()              # 调用父类的构造方法
        self.__radius = radius          # 新增数据域，表示圆半径
    def get_radius(self):
        return self.__radius
    def set_radius(self, radius):
        self.__radius = radius
    def get_area(self):
        return math.pi * self.__radius ** 2
    def __str__(self):
        return super().__str__() + " 半径: " + str(self.__radius)
```

super() 指向父类，这里是 Shape 类。

使用 super() 来调用父类方法时，无须传递 self 参数。

__init__ 构造方法中，super().__init__()，调用父类的 __init__ 构造方法（使用默认参数值），很重要！用于初始化父类中定义的 color 数据域。

__str__ 特殊方法中，super().__str__()，调用父类的 __str__ 特殊方法，获取 color 属性。

和圆一样，矩形也具有几何图形共有的属性和方法。可以从 Shape 类派生出 Rectangle 类。Rectangle 类继承了 Shape 类所有可访问的数据域和方法，新增了表示矩形宽度和高度的 width 和 height 数据域及其对应的访问器方法和更改器方法，重定义了计算矩形面积的 get_area 方法和 __str__ 特殊方法。__str__ 方法返回描述矩形的字符串。

Rectangle 类如下：

```python
from Shape import Shape
class Rectangle(Shape):
    def __init__(self, width, height):
        super().__init__()
        self.__width = width
        self.__height = height
    def get_width(self):
        return self.__width
    def set_width(self, width):
        self.__width = width
    def get_height(self):
        return self.__height
    def set_height(self, height):
        self.__height = height
    def get_area(self):
        return self.__width * self.__height
```

```
        def __str__(self):
            return super().__str__() + \
                " 宽度: " + str(self.__width) + " 高度: " + str(self.__height)
```

子类和父类之间必须存在 is-a 关系。例如，圆（Circle）是一个几何图形（Shape），矩形（Rectangle）是一个几何图形（Shape）。但并不是所有的 is-a 关系都应该使用继承。例如，正方形（Square）是一个矩形（Rectangle），好的设计策略应该是从 Shape 类派生出 Square 类，而不是从 Rectangle 类派生出 Square 类。

此外，从前面的 Circle 类和 Rectangle 类的例子中可以看到子类并不是父类的子集。子类通常比它的父类包含更多的数据域和方法。

【例 8.1】编写程序，测试 Circle 类和 Rectangle 类。

```
1   from Circle import Circle
2   from Rectangle import Rectangle
3   def main():
4       c = Circle(1.5)
5       print("圆")
6       print(c)
7       print("面积", c.get_area())
8       r = Rectangle(2, 4)
9       print("矩形")
10      print(r)
11      print("面积", r.get_area())
12  main()
```

【运行示例】

```
圆
颜色: black 半径: 1.5
面积 7.0685834705770345
矩形
颜色: black 宽度: 2 高度: 4
面积 8
```

第 4 行创建了一个半径为 1.5 的 Circle 类对象 c。第 8 行创建了一个宽度为 2、高度为 4 的矩形对象 r。print(c)等价于 print(c.__str__())，print(r)等价于 print(r.__str__())。

Shape 对象的 color 属性默认值为 black。Circle 类和 Rectangle 类继承自 Shape 类，因此，Circle 对象和 Rectangle 对象的 color 属性默认值也为 black。

8.3 覆盖方法

子类继承了父类所有可访问的数据域和方法。有时，子类需要修改定义在父类中的方法。如果在子类中重新定义了从父类继承而来的方法，则子类中定义的方法覆盖了从父类继承而来的方法。

为了覆盖父类中的方法，子类中的方法必须与父类中的方法具有相同的方法头。

在子类中，几乎可以覆盖父类中除了私有方法外的其他任何方法，包括__init__构造方法。若子类中的方法在父类中是私有的，那么这两个方法是完全不相关的，即使这两个方法具有相同的方法头。

在前面的例子中，Shape 类中的 get_area 方法和__str__特殊方法在 Circle 类和 Rectangle 类中都被覆盖了。在 Circle 类和 Rectangle 类中要调用从 Shape 类继承而来的__str__方法，必须使用 super().__str__()。

8.4　object 类

继承形成了类层次结构。mro 即 method resolution order，可以使用类的__mro__属性或类的 mro 方法查看继承的层次关系。

例如：

```
from Circle import Circle
from Rectangle import Rectangle
print(Circle._ _mro_ _)
print(Rectangle.mro())
```

输出：

```
(<class 'Circle.Circle'>, <class 'Shape.Shape'>, <class 'object'>)
[<class 'Rectangle.Rectangle'>, <class 'Shape.Shape'>, <class 'object'>]
```

__mro__属性返回一个元组，mro 方法返回一个列表，其中内容都是相同的，表示类继承的顺序。

可以看到，Circle 类和 Rectangle 类都是由 Shape 类派生出来的，而 Shape 类实际上是由 object 类派生出来的。Python 中的所有类都派生自 object 类。object 类被称为根类。

如果定义一个类时没有指定继承哪个类，则默认继承 object 类。

object 类定义了所有类的一些共有方法。这些方法都是特殊方法。在子类中可以覆盖这些方法。

```
>>> dir(object)
['__class__', '__delattr__', '__dir__', '__doc__', '__eq__', '__format
__', '__ge__', '__getattribute__', '__gt__', '__hash__', '__init__',
'__init_subclass__', '__le__', '__lt__', '__ne__', '__new__', '__reduce
__', '__reduce_ex__', '__repr__', '__setattr__', '__sizeof__', '__str
__', '__subclasshook__']
```

当创建一个对象时，__new__方法被自动调用，然后调用__init__方法来初始化对象。在自定义类中，通常只覆盖__init__方法来初始化类中定义的数据域。

在默认情况下，__str__方法返回一个由对象所属的类名以及对象的十六进制内存地址组成的字符串。在自定义类中，通常应该覆盖__str__方法，返回一个描述该类对象有用信息的字符串。例如，在 Shape 类、Circle 类和 Rectangle 类中都覆盖了__str__方法。

8.5　多态和动态绑定

子类是其父类的特殊类。因此，每个子类对象都是其父类的对象，反之则不成立。例如，圆对象是几何图形对象，但几何图形对象并非都是圆对象。

通常多态必须满足如下条件：必须存在类层次结构，即继承关系，父类和子类之间满足赋值兼容。赋值兼容是指凡是需要父类对象的地方都可以使用子类对象。

【例 8.2】编写程序，演示多态。

```
1   class Base:
2      def __str__(self):
3          return "Class Base"
4   class DerivedA(Base):
5      def __str__(self):
6          return "Class DerivedA"
7   class DerivedB(Base):
8      def __str__(self):
9          return "Class DerivedB"
10  def display_object(obj):
11     print(obj.__str__())
12  def main():
13     a = DerivedA()
14     b = DerivedB()
15     display_object(a)
16     display_object(b)
17  main()
```

【运行示例】

```
Class DerivedA
Class DerivedB
```

display_object 函数的参数 obj 可以接收 Base 类对象。a 是 DerivedA 类的一个对象，DerivedA 类是 Base 类的子类。b 是 DerivedB 类的一个对象，DerivedB 类是 Base 类的子类。通过传递子类对象 a 或 b 来调用 display_object 方法，这就是通常所说的多态。

在 display_object 函数中，obj.__str__()应当调用哪个__str__()方法由动态绑定决定。若参数 obj 为子类对象 a，则调用 DerivedA 类的__str__方法，返回 Class DerivedA。若参数 obj 为子类对象 b，则调用 DerivedB 类的__str__方法，返回 Class DerivedB。

动态绑定是指一个方法可能位于继承链上的不同类中，运行时才决定调用哪个方法。

假设 obj 是类 C_1，C_2，…，C_{n-1}，C_n 的对象。这里 C_1 是 C_2 的子类，C_2 是 C_3 的子类，…，C_{n-1} 是 C_n 的子类，C_n 是最顶层的父类，C_1 是最底层的子类。若 obj 调用了 m 方法，则会依次在 C_1，C_2，…，C_{n-1}，C_n 类中查找 m 方法，直到找到为止。一旦找到 m 方法，就停止查找，调用这个首次找到的 m 方法。

【例 8.3】编写程序，演示动态绑定。

```
1   class Base:
2      def __str__(self):
3          return "Class Base"
4      def output(self):
5          print(self.__str__())
6   class Derived(Base):
7      def __str__(self):
```

```
8          return "Class Derived"
9   a = Base()
10  b = Derived()
11  a.output()
12  b.output()
```

【运行示例】

```
Class Base
Class Derived
```

a 是 Base 类的一个对象，a.output()将调用 Base 类中的__str__方法，返回 Class Base。

Derived 类中没有定义 output 方法，该方法在 Base 类中定义，而 Derived 是 Base 的一个子类，继承了 output 方法。b.output()将调用 Base 类中的 output 方法，output 方法将沿着 Derived 类、Base 类继承链查找__str__方法，直到找到并调用 Derived 类中的__str__方法，返回 Class Derived。

8.6　鸭 子 类 型

其实 Python 对多态的实现并没有严格的限制条件。从某种意义上甚至可以说 Python 不支持多态，也不用支持多态。

因为 Python 是一种多态语言，崇尚鸭子类型（duck typing）。这个名字来自于一句名言："如果它像鸭子一样走路，像鸭子一样叫，那么它就是一只鸭子"。

在鸭子类型中，并不关心对象是什么类型，只关心对象的行为。例如，在不支持鸭子类型的程序设计语言中，可以编写一个函数，接收一个类型为鸭子的对象，并调用它的"呱呱叫"方法。在支持鸭子类型的程序设计语言中，可以编写同样的函数，可以接收一个任何类型的对象，只要它有"呱呱叫"方法，如果对象的"呱呱叫"方法不存在，调用会抛出异常。

【例 8.4】编写程序，演示鸭子类型。

```
1   class A:
2       def output(self):
3           print('A')
4   class B(A):
5       def output(self):
6           print('B')
7   class C(A):
8       pass
9   class D:
10      def output(self):
11          print('D')
12  class E:
13      pass
14  def display_object(obj):
15      try:
16          obj.output()
17      except AttributeError as ex:
18          print(ex)
```

```
19  a = A()
20  b = B()
21  c = C()
22  d = D()
23  e = E()
24  display_object(a)
25  display_object(b)
26  display_object(c)
27  display_object(d)
28  display_object(e)
```

【运行示例】

```
A
B
A
D
'E' object has no attribute 'output'
```

从这个例子可以看到，display_object 函数并不关心传入参数是什么类型，只关心传入参数是否有 output 方法。在程序运行时，如果该对象有 output 方法，Python 就正确执行；如果没有，Python 就抛出异常，通过 try-except 语句处理传入参数不符合要求的情况。因为 a、b、c、d 对象都有 output 方法，而 e 对象没有，所以得到了上面的运行结果。

8.7　与对象和类相关的内置函数

（1）issubclass 函数：issubclass(class, classinfo)。

判断第一个参数（class）是否是第二个参数（classinfo）的子类，若是则返回 True，否则返回 False。第二个参数还可以是由类组成的元组。如果第二个参数不是类或由类组成的元组，则会抛出 TypeError 异常。

（2）isinstance 函数：isinstance(object, classinfo)。

判断第一个参数（object）是否是第二个参数（classinfo）的对象（实例），若是则返回 True，否则返回 False。第二个参数还可以是由类组成的元组。如果第二个参数不是类或由类组成的元组，则会抛出 TypeError 异常。

【例 8.5】编写程序，演示 issubclass 函数和 isinstance 函数。

```
1   class Base:
2       pass
3   class Derived_A(Base):
4       pass
5   class Derived_B(Base):
6       pass
7   class Other:
8       pass
9   print(issubclass(Other, Other))
10  print(issubclass(Other, Base))
11  print(issubclass(Other, object))
```

```
12   print(issubclass(Derived_A, Base))
13   print(issubclass(Derived_B, (Derived_A, Base)))
14   obj = Derived_A()
15   print(isinstance(obj, object))
16   print(isinstance(obj, Base))
17   print(isinstance(obj, Derived_A))
18   print(isinstance(obj, Derived_B))
```

【运行示例】

```
True
False
True
True
True
True
True
True
False
```

第 9 行，一个类被认为是其自身的子类。第 11 行，Python 中的所有类都是 object 类的子类。

（3）hasattr 函数：hasattr(object, name)。

判断对象 object 是否具有属性 name，若有则返回 True，否则返回 False。

（4）getattr 函数：getattr(object, name[, default])。获取对象 object 的属性或方法 name。若 name 不是 object 的属性或方法，如果提供了 default，则返回 default，否则抛出 AttributeError 异常。

（5）setattr 函数：setattr(object, name, value)。设置对象 object 的属性 name。若 name 不是 object 的属性，则设置 name 为 object 的属性，其值为 value；若 name 是 object 的属性，则用 value 替换 name 原有的属性值。

（6）delattr 函数：delattr(object, name)。从对象 object 中删除属性 name。若 name 不存在，抛出 AttributeError 异常。

（7）vars 函数：vars([object])。返回对象 object 中一个由属性名和属性值构成的字典。

【例 8.6】编写程序，演示 hasattr、getattr、setattr、delattr 函数和 vars 函数。

```
1    class Base:
2        def __init__(self, name):
3            self.name = name
4        def get_name(self):
5            return self.name
6    class Derived(Base):
7        pass
8    d = Derived("张三")
9    print(vars(d))
10   print(hasattr(d, "name"))
11   print(hasattr(d, "get_name"))
12   print(getattr(d, "name", "未发现"))
13   print(getattr(d, "get_name", "未发现"))
14   print(getattr(d, "sex", "未发现"))
```

```
15  setattr(d, "name", "李四")
16  setattr(d, "sex", '男')
17  print(vars(d))
18  delattr(d, "sex")
19  print(vars(d))
```

【运行示例】

```
{'name': '张三'}
True
True
张三
<bound method Base.get_name of < __ main __.Derived object at
0x000001D8EF75D1D0>>
未发现
{'name': '李四', 'sex': '男'}
{'name': '李四'}
```

Derived 类继承了 Base 类的属性和方法。第 8 行，创建了 Derived 类对象 d，该对象具有继承而来的 name 属性和 get_name 方法。

第 16 行，添加了一个新属性 sex。第 18 行，删除了新添加的属性 sex。

8.8　类之间的关系

类之间除了继承关系，还有关联、聚合、组合等关系。

关联描述两个类的对象之间存在某种语义上的联系。

聚合是关联的特殊形式，描述两个类的对象之间存在的整体与部分的关系，即 has-a 关系。整体对象称为聚合对象，它所属的类称为聚合类；部分对象称为被聚合对象，它所属的类称为被聚合类。聚合表示整体与部分的关系比较弱，整体与部分是可分离的，具有各自的生命周期，部分可以属于多个整体，也可以为多个整体所共享。

组合也是关联的特殊形式，描述两个类的对象之间存在的整体与部分的关系，即 contains-a 关系。组合表示整体与部分的关系比较强，整体与部分是不可分的，整体的生命周期结束也就意味着部分的生命周期结束。

栈是限定只能从一端进行插入或删除操作的线性表，如图 8.3（a）所示。可以进行插入或删除操作的这一端称为栈顶，另一端称为栈底。向栈顶插入元素称为"入栈"，从栈顶删除元素称为"出栈"。不含元素的栈称为空栈。

可以用"对一摞盘子的操作"来形容对栈中元素的插入或删除操作。放盘子或取盘子只能在这一摞盘子的顶部进行。栈中元素的插入或删除操作也只能在栈顶进行，具有后进先出（Last In First Out，LIFO）的特性，如图 8.3（b）所示。

可以使用列表来存放栈元素。因此，在设计堆栈类 Stack 时，既可以采用继承方式，从列表类 list 派生出 Stack 类；也可以采用组合方式，在 Stack 类中创建一个列表。这里使用组合方式来定义 Stack 类。

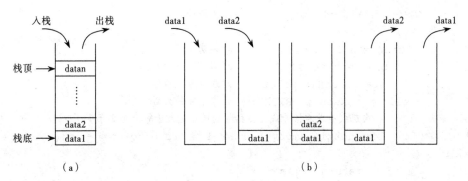

图 8.3 栈及其操作

Stack 类包括:

- 私有数据域 data: 存放栈元素。
- __init__ 构造方法: 创建一个空栈。
- is_empty 方法: 判断栈是否为空栈, 为空返回 True, 否则返回 False。
- push 方法: 入栈, 往栈顶插入新元素。
- pop 方法: 出栈, 从栈顶删除元素并返回该元素。
- peek 方法: 获取栈顶元素。
- get_size 方法: 返回栈中元素个数。

Stack 类如下:

```python
class Stack:
    def __init__(self):
        self.__data = []
    def is_empty(self):
        return len(self.__data) == 0
    def push(self, value):
        self.__data.append(value)
    def pop(self):
        return None if self.is_empty() else self.__data.pop()
    def peek(self):
        return None if self.is_empty() else self.__data[len(self.__data) - 1]
    def get_size(self):
        return len(self.__data)
```

【例 8.7】假设表达式中允许包含 3 种括号()、[]、{}, 其嵌套顺序是任意的。编写程序, 判断一个表达式, 括号匹配是否正确。例如, {()[()]},[{(()}]是正确的格式, 而[(]),[()),(()}是错误的格式。

【编程提示】

创建一个空栈, 用来存储尚未找到的左括号; 遍历字符串, 遇到左括号则压栈, 遇到右括号则出栈一个左括号进行匹配; 在遍历过程中, 空栈情况下若遇到右括号, 说明缺少左括号, 不匹配; 在遍历结束时, 若栈不为空, 说明缺少右括号, 不匹配。

```python
1    from Stack import Stack
2    def match(expr):
3        LEFT = ('(', '[', '{')          # 左括号
```

```
4        RIGHT = (')', ']', '}')          # 右括号
5        stack = Stack()
6        for brackets in expr:            # 遍历字符串
7            if brackets in LEFT:         # 当前字符为左括号
8                stack.push(brackets)     # 左括号入栈
9            elif brackets in RIGHT:      # 当前字符为右括号
10               # 当前栈空或右括号减去左括号的值不是大于等于 1 小于等于 2
11               if stack.is_empty() or not 1 <= ord(brackets) - ord(stack.peek())
<= 2:
12                   return False
13               stack.pop()              # 删除左括号
14       return stack.is_empty()          # 如果栈空返回 True, 否则返回 False
15   def main():
16       line = input()
17       print(match(line))
18   main()
```

【运行示例】

```
{()[()]},[{({})}]
True
[(]),[()),(()}
False
```

第 2～14 行是 match 函数，若括号匹配返回 True，否则返回 False。

对于()，ord(')') - ord('(') = 1；对于[]，ord(']') - ord('[') = 2；对于{}，ord('}') - ord('{') = 2。

队列是限定只能从一端进行插入操作，从另一端进行删除操作的线性表。如图 8.4（a）所示。可以进行插入操作的这一端称为队尾，可以进行删除操作的另一端称为队头。向队尾插入元素称为"入队"，从队头删除元素称为"出队"。不含元素的队列称为空队列。

超市的收款处就是现实世界中队列的例子。顾客在收款处后面排成一等待队列，服务员从队列最前面的顾客开始一个一个地为顾客结账。如图 8.4（b）所示，队列中元素的插入或删除操作具有先进先出（First In First Out，FIFO）的特性。

从图 8.4（b）可以看出，每当有元素出队时，队列中的其他元素都要向队头方向移动，这个过程是有开销的。

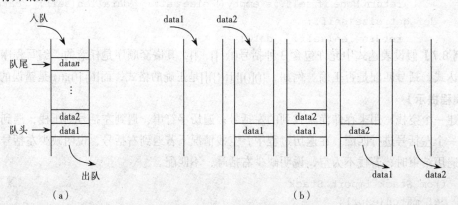

图 8.4　队列及其操作

和堆栈类 Stack 一样，可以使用列表来存放队列元素。因此，在设计队列类 Queue 时，既可以采用继承方式，也可以采用组合方式。

8.9　collections 模块

Python 提供了一个 collections 标准模块。实现了许多常用的数据结构。其中包括了双端队列类 deque、defaultdict 类、OrderedDict 类、Counter 类及 namedtuple 函数。

双端队列是限定插入和删除操作在线性表两端进行的数据结构，具有队列和栈的性质。

deque([iterable[, maxlen]]).

其中，可选的 iterable 参数指定双端队列初始元素，默认为空队列；可选的 maxlen 参数指定双端队列长度，默认为无限制。指定了 maxlen 的双端队列称为有界双端队列。

deque 的基本操作：

- append(x)：在右端添加元素 x。
- appendleft(x)：在左端添加元素 x。
- clear()：删除所有元素。
- count(x)：返回元素 x 出现次数。
- extend(iterable)：在右端添加 iterable 中的元素。
- extendleft(iterable)：在左端添加 iterable 中的元素。
- index(x[, start[, stop]])：返回第一个匹配的元素 x 的下标。若未找到，会抛出 ValueError 异常。可选的 start、stop 指定查找范围。
- insert(i, x)：在下标 i 处插入元素 x。若插入导致有界双端队列越界（超出 maxlen），会抛出 IndexError 异常。
- pop()：从右端删除并返回元素，若无元素，会抛出 IndexError 异常。
- popleft()：从左端删除并返回元素，若无元素，会抛出 IndexError 异常。
- remove(value)：删除第一个匹配的元素 value，若未找到，会抛出 ValueError 异常。
- reverse()：将所有元素逆序，返回 None。
- rotate(n)：将右端 n 个元素移动到左端；若 n 为负数，则将左端 n 个元素移动到右端。
- maxlen：返回最大长度或 None（表示无限制）

```
>>> from collections import deque
>>> d = deque([7, 8, 9])
>>> d
deque([7, 8, 9])
>>> d.append(10)
>>> d.appendleft(6)
>>> d
deque([6, 7, 8, 9, 10])
>>> d.pop()
10
>>> d.popleft()
6
```

```
>>> d.extend([10, 11, 12])
>>> d
deque([7, 8, 9, 10, 11, 12])
>>> d.extendleft([6, 5, 4])
>>> d
deque([4, 5, 6, 7, 8, 9, 10, 11, 12])
>>> d.rotate(1)
>>> d
deque([12, 4, 5, 6, 7, 8, 9, 10, 11])
>>> d.rotate(-2)
>>> d
deque([5, 6, 7, 8, 9, 10, 11, 12, 4])
>>> d.reverse()
>>> d
deque([4, 12, 11, 10, 9, 8, 7, 6, 5])
>>> d.clear()
>>> d
deque([])
>>> d.pop()
IndexError: pop from an empty deque
>>> d.insert(0, 8)
>>> d
deque([8])
>>> d.remove(8)
>>> d
deque([])
>>> d = deque([1, 2, 3], 10)
>>> d.extend([1, 2, 1, 1])
>>> d
deque([1, 2, 3, 1, 2, 1, 1], maxlen=10)
>>> d.maxlen
10
>>> d.count(1)
4
>>> d.index(2)
1
```

defaultdict 类是 dict 类的子类，称为带默认值的字典。

```
defaultdict([default_factory[, ...]])
```

使用 dict 字典时，如果指定的键不存在，会抛出 KeyError 异常。

```
>>> d = {'x':1, 'y':2}
>>> d['x']
1
>>> d['z']
KeyError: 'z'
```

使用 defaultdict 字典时，如果指定的键不存在，会插入键并使用 default_factory 的结果作为这个键的默认值。

```
>>> from collections import defaultdict
>>> d = defaultdict(lambda:"N/A", {'x':1, 'y':2})
>>> d['x']
1
>>> d['z']
'N/A'
```

defaultdict 字典的其他行为和 dict 字典是完全一样的。

OrderedDict 类是 dict 类的子类，称为有序字典。

在 Python 3.6 之前，使用 dict 字典时，键是无序的。

使用 OrderedDict 字典时，键会按照插入的顺序排列。

```
>>> from collections import OrderedDict
>>> d = OrderedDict()
>>> d['z'] = 3
>>> d['y'] = 2
>>> d['x'] = 1
>>> d
OrderedDict([('z', 3), ('y', 2), ('x', 1)])
```

从 Python 3.6 开始，dict 字典和 OrderedDict 字典一样，也是有序字典了。

Counter 类是 dict 类的子类，可用于对象计数。

elements()：返回一个可迭代对象，其中每个元素有多少个就重复多少次。

most_common(n)：返回一个元素为元组的列表，元组由出现次数最多的前 n 个元素及其对应个数构成。

```
>>> from collections import Counter
>>> lst = [1, 2, 3, 3, 2, 2, 2, 5, 6, 1, 2, 3]
>>> c = Counter(lst)
>>> c
Counter({2: 5, 3: 3, 1: 2, 5: 1, 6: 1})
>>> list(c.elements())
[1, 1, 2, 2, 2, 2, 2, 3, 3, 3, 5, 6]
>>> c.most_common(3)
[(2, 5), (3, 3), (1, 2)]
```

只能通过下标访问 tuple 元组的元素。namedtuple 函数可以创建一个 tuple 类的子类，称为命名元组。既可以通过下标，也可以通过元素名称来访问命名元组中的元素。

```
namedtuple(typename, field_names, *, verbose=False, rename=False, module=
None)
```

其中，typename 是 tuple 类的子类的名称，field_names 是命名元组元素的名称。

```
>>> from collections import namedtuple
>>> Friend = namedtuple("Friend", ["name", "sex", "email"])
>>> f = Friend("张三", '男', "zhangsan@123.com")
>>> print(f[0], f[1], f[2])
张三 男 zhangsan@123.com
>>> print(f1.name, f1.sex, f1.email)
张三 男 zhangsan@123.com
```

8.10 多 继 承

多继承的语法如下：

```
class 子类名(父类名 1, 父类名 2, …, 父类名 n):
    类体
```

class 是关键字。父类名 1，父类名 2，…，父类名 n 是已有的类的名称，子类名是在多个已有的类的基础上通过继承而构造的新类的名称。

例如：

```
class A:
    def __init__(self):
        print("Class A")
class B(A):
    def __init__(self):
        super().__init__()      # 调用父类 A 的构造方法
        print("Class B")
class C(B, A):                  # 多继承
    def __init__(self):
        super().__init__()      # 只调用多继承中第一个父类 B 的构造方法
        print("Class C")
print(C.__mro__)
c = C()
```

输出：

```
(<class '__main__.C'>, <class '__main__.B'>, <class '__main__.A'>, <class
'object'>)
Class A
Class B
Class C
```

对于每一个类，会自动生成一个 mro 表，标记了继承层次中查找父类的顺序。可以使用类的__mro__属性或类的 mro 方法查看 mro 表。

上面显示的是 C 类的 mro 表。C 类查找父类的顺序为 C=>B=>A=>object。mro 表遵循以下原则：子类永远在父类前面；如果有多个父类，会根据它们声明的顺序进行查找，例如，class C(B, A):，先 B 后 A；如果对下一个类存在两个合法的选择，选择第一个父类，例如，C 类__init__方法中的 super().__init__()只调用第一个父类 B 的构造方法。

若需要调用其他父类的构造方法或多个父类的同名方法，则只能采用显式调用的方式。

例如：

```
class A:
    def __init__(self):
        print("Class A")
class B(A):
    def __init__(self):
        super().__init__()      # 调用父类 A 的构造方法
        print("Class B")
```

```
class C(B, A):                    # 多继承
    def __init__(self):
        super().__init__()        # 调用多继承中第一个父类B的构造方法
        A.__init__(self)          # 显式调用多继承中第二个父类A的构造方法
        print("Class C")
print(C.__mro__)
c = C()
```
输出：
```
(<class '__main__.C'>, <class '__main__.B'>, <class '__main__.A'>, <class
'object'>)
Class A
Class B
Class A
Class C
```
在上面的例子中，super 关键字获得的类刚好是父类，但在其他情况下就不一定了。super 关键字其实和父类没有实质性的关联。

多继承中经常会遇到钻石继承（菱形继承）问题，如图 8.5 所示。

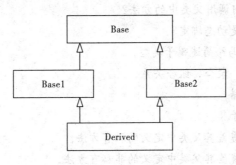

图 8.5　钻石继承

Base 是父类，Base1、Base2 继承自 Base，Derived 继承自 Base1、Base2。

例如：
```
class Base:
    def __init__(self):
        print("Class Base")
class Base1(Base):
    def __init__(self):
        super().__init__()
        print("Class Base1")
class Base2(Base):
    def __init__(self):
        super().__init__()
        print("Class Base2")
class Derived(Base1, Base2):
    def __init__(self):
        super().__init__()
        print("Class Derived")
```

```
print(Derived.__mro__)
d = Derived()
```
输出：
```
(<class '__main__.Derived'>, <class '__main__.Base1'>, <class '__main__.
Base2'>, <class '__main__.Base'>, <class 'object'>)
Class Base
Class Base2
Class Base1
Class Derived
```

Class Base 的下一句不是 Class Base1，而是 Class Base2，原因就是 super 关键字和父类没有实质性的关联。

思考与练习

1. 什么是单继承？如何定义一个继承自父类的子类？

2. 什么是多继承？如何定义一个继承自多个父类的子类？

3. super()是什么？如何调用父类中的方法？

4. 什么是多态？什么是动态绑定？

5. Python 是多态语言吗？简述鸭子类型。

6. 简述类之间的关联、聚合、组合关系。

7. 判断下列说法的对错。

（1）子类是父类的子集。

（2）在子类中可以覆盖其父类中定义的私有方法。

（3）在子类中可以覆盖其父类中定义的非私有方法。

（4）在子类中可以覆盖其父类中定义的__init__方法。

（5）创建子类对象时，会自动调用其父类中定义的__init__方法。

（6）在子类中可以通过"父类名.方法名"的方式显式调用父类中的方法。

（7）所有类都派生自 object 类。

（8）如果定义一个类时没有指定继承哪个类，则默认继承 object 类。

（9）mro 表示类继承的顺序。

（10）课程类和教师类之间最合适的关系是聚合关系。

8. 写出下列程序的输出结果。
```
class A:
    def __init__(self):
        print('A')
class B(A):
    def __init__(self, x):
        super().__init__()
        self.__x = x
        print('B')
b = B(3)
```

9. 写出下列程序的输出结果。

```python
class A:
    def __init__(self, x = 0):
        self.__x = x
    def show(self):
        print(self.__x)
class B(A):
    def __init__(self, x, y):
        super().__init__(x)
        self.__y = y
    def show(self):
        print(self.__y)
def display_object(obj):
    obj.show()
a = A(10)
b = B(20, 30)
display_object(a)
display_object(b)
```

10. 写出下列程序的输出结果。

```python
class A:
    def __init__(self, x = 100):
        self.x = x
    def show(self):
        print(self.x)
class B:
    def __init__(self, y = 300):
        self.y = y
    def show(self):
        print(self.y)
class C(A, B):
    def __init__(self, x, y, z):
        super().__init__(x)
        B.__init__(self, y)
        self.z = z
    def show(self):
        print(self.z)
c = C(400, 500, 600)
super(C, c).show()
super(A, c).show()
c.show()
```

编 程 题

1. 三角形具有几何图形共有的属性和方法。可以从 Shape 类派生出 Triangle 类。Triangle 类除了继承了 Shape 类所有可访问的数据域和方法外，还包括：

- 3 个名为 side1、side2、side3 的私有数据域，表示三角形的三条边，它们的默认值均为 1.0。
- 构造方法，将三角形三条边设置为给定的参数。
- 成员方法 get_area，返回三角形的面积。
- 重定义 __str__ 特殊方法。__str__ 方法返回描述三角形的字符串。

输入：三角形的三条边，其间以空格分隔。

输出：三角形的颜色、三条边以及面积。

【运行示例】

```
3 4 5↙
三角形
颜色：black 边长：3 4 5
面积 6.0
```

2. 定义一个表示股票信息的类 Stock。Stock 类包括：

- 私有数据域 stock_code，用于保存股票代码。
- 私有数据域 total_shares，用于保存股票总股数。
- 私有数据域 total_cost，用于保存股票总成本。
- 构造方法，将股票代码设置为给定的参数，股票总股数、股票总成本设置为 0。
- 访问器方法 get_stock_code、get_total_shares、get_total_cost，分别用于访问股票代码、股票总股数、股票总成本。
- 成员方法 purchase，记录单笔交易信息（总股数、总成本），有两个参数：分别表示股数和股票单价，无返回值。
- 成员方法 get_profit，计算股票的盈亏状况（总股数乘以股票当前价格，然后减去总成本），有一个参数：表示股票当前价格，返回盈亏金额。

分红是上市公司分配给股东的利润分成。红利的多少与股东所持股票的数量成正比。并不是所有股票都有分红，所以不能在 Stock 类上直接增加这个功能。而应该在 Stock 类的基础上，派生出一个 DividendStock 类，并在这个子类中增加分红的行为。Stock 类派生出 DividendStock 类：

- 增加私有数据域 dividends，用于记录分红。
- 构造方法，将股票代码设置为给定的参数，分红设置为 0。
- 成员方法 pay_dividend()，它的参数是每股分红的数量，它的功能是计算出分红的数量（每股分红的数量乘以总股数），并将其加到 dividends 中。
- 红利是股东利润的一部分，DividendStock 对象的利润应该等于总股数乘以股票当前价格，然后减去总成本，再加上分红。对于 DividendStock 对象来说，计算利润的方法与 Stock 有所不同，在定义 DividendStock 时要重写 get_profit 方法。

输入：第一行为股票代码。第二行为交易次数 n。下面 n 行为每笔交易的数量和单价。接着为每股股票的当前价格。最后为每股分红的数量。

输出：股票的盈亏。

【运行示例】

```
AMZN↙
2↙
50 35.06↙
```

25 38.52↙
37.29↙
0.75↙
Net profit/loss: 137.0

3. 设计一个 Line 类，表示线段。Line 类包括：

- Point 类的私有对象数据域 start 和 end，表示线段的两个端点。
- 构造方法，将线段端点设置为给定的参数。
- 成员方法 slope，计算线段的斜率。

输入：线段起始端点和结束端点的 x、y 坐标，其间以逗号分隔。

输出：线段的斜率，结果保留 2 位小数。

【运行示例】
10,20,30,70↙
2.50

4. 在某个字符串中有左圆括号、右圆括号和大小写字母；规定任何一个左圆括号都从内到外与在它右边且距离最近的右圆括号匹配。编写程序，判断该字符串中左右圆括号匹配是否正确。

【运行示例】
((ABCD(x) ↙
False
((rttyy())sss) ↙
True

5. 编写程序，输入一个简单英文句子，统计并输出该句子中元音字母（不区分大小写）出现的次数。

【运行示例】
The Python programming language is a general-purpose computer programming language originally developed in 1989. ↙
a:9
e:10
i:6
o:7
u:4

第 9 章 异常处理

程序中的错误都是程序员所犯的错误。错误分为 3 类：语法错误、运行时错误和逻辑错误。即使是有经验的程序员，也不能避免错误。学习程序设计首先应该认清这一情况。

既然程序总会出错误，那么在程序开发过程中，不仅要尽可能地保证程序的正确性，还要保证程序的健壮性，学会用适当的方法去处理错误。

9.1 程序设计错误

1. 语法错误

语法错误指程序书写格式在某些方面不符合 Python 要求，如拼错关键字、遗漏必要的标点符号、括号不匹配或者不合理的缩进等。解释器在解释程序的过程中能够查出这类错误。

下列程序有语法错误：

```python
print("Welcome to Python!)     # 字符串缺少右双引号
```

2. 运行时错误

运行时错误也称异常，指程序书写格式正确，解释过程能正常完成，但在执行过程中出了问题，导致程序终止执行。

输入错误是典型的运行时错误，当输入了程序不能处理的数据时就会发生输入错误。例如，程序要求输入一个整数，而却输入了一个字符串，就会引发数据类型错误。

另一个常见的运行时错误是算术运算中把 0 作为除数。

下列程序会出现运行时错误：

```python
x, y = eval(input("请输入以逗号分隔的两个整数："))
print(str(x) + "/" + str(y) + " =", x / y)     # y值不为 0，正确；y值为 0，错误
```

3. 逻辑错误

逻辑错误指程序书写格式正确，解释过程能正常完成，但程序的执行结果不符合预期的要求。这类错误是最难修改的。

下列程序存在逻辑错误：

```python
fahrenheit = eval(input("输入华氏温度："))
celsius = 5 / 9 * fahrenheit - 32     # 表达式错误，应为 5 / 9 * (fahrenheit - 32)
```

```
print("对应的摄氏温度：" + format(celsius, ".1f"))
```

4．测试和调试

1945 年 9 月 9 日，美国女数学家 Grace Hopper 在编写程序时，计算机出现了故障。经仔细检查，发现故障的祸根是计算机里有一个烧焦的小虫（bug）造成了电路短路。从此，排除计算机故障的工作就称为 Debugging，就是"找虫子"。后来人们也这样看待和称呼排除程序错误的工作。

测试（testing）的目的是发现尽可能多的错误，通过调试（debugging）确定错误性质，并加以改正，以提高软件的质量。

测试程序、排除程序错误的最重要工具就是人的眼睛和头脑。发现程序错误后，应该仔细阅读检查程序的相关部分，许多错误实际上是很明显的。为了有助于排除程序错误，程序设计风格就显得越发重要。良好的程序设计风格可以提高程序的可读性，降低程序发生错误的可能性，节省在排除程序错误上所花费的时间。

9.2　什么是异常

异常（exception）是程序运行时错误。在程序设计过程中，必须考虑到程序运行过程中可能会发生的异常，并进行适当的处理；否则程序在运行时有可能提前终止或出现不可预料的行为，从而影响程序的正常使用。

【例 9.1】编写程序，从键盘上输入两个整数，输出它们的商。

```
1  number1, number2 = eval(input("请输入以逗号分隔的两个整数："))
2  print(number1, '/', number2, '=', number1 / number2)
```

【运行示例】

请输入以逗号分隔的两个整数：1,2↙

1 / 2 = 0.5

请输入以逗号分隔的两个整数：1,0↙

ZeroDivisionError: division by zero

第 2 行，如果除数 number2 为 0，就会产生 ZeroDivisionError 异常。

ZeroDivisionError 是 Python 内置异常类，表示除法或求余运算中第 2 个操作数为 0。

如果程序中没有包含异常处理的代码，Python 将会输出错误信息并在异常发生的地方终止程序。

9.3　如何处理异常

修正除数 number2 为 0 错误的传统方法是添加一个 if 语句来检查除数 number2 是否为 0，如果不为 0，输出除法结果，否则输出错误信息。

【例 9.2】对例 9.1 的改进。

```
1  number1, number2 = eval(input("请输入以逗号分隔的两个整数："))
2  if number2 != 0:
3      print(number1, '/', number2, '=', number1 / number2)
```

```
4    else:
5        print("除数不能为 0!")
```

【运行示例】

请输入以逗号分隔的两个整数：1,2↙

1 / 2 = 0.5

请输入以逗号分隔的两个整数：1,0↙

除数不能为 0!

第 2～5 行的 if 语句用于处理除数 number2 为 0 的问题，当 number2 为 0 时，输出错误信息，不会产生异常。

在 Python 中还可以使用 try-except 语句实现异常处理。

try-except 语句的语法如下：

```
try:
    <语句块 1>
except <异常类型>:
    <语句块 2>
```

<语句块 1>是程序正常执行的内容，但包含了可能产生异常的代码。当异常出现时，<语句块 1>中产生异常的语句下面的剩余代码被跳过。若该异常匹配<异常类型>，那么执行<语句块 2>，<语句块 2>是处理异常的代码。若该异常不匹配<异常类型>，那么这是一个未处理的异常，程序终止运行。

【例 9.3】使用 try-except 语句改进例 9.1。

```
1    number1, number2 = eval(input("请输入以逗号分隔的两个整数："))
2    try:
3        print(number1, '/', number2, '=', number1 / number2)
4    except ZeroDivisionError:
5        print("除数不能为 0!")
```

【运行示例】

请输入以逗号分隔的两个整数：1,2↙

1 / 2 = 0.5

请输入以逗号分隔的两个整数：1,0↙

除数不能为 0!

第 2～5 行是 try-except 语句。若除数 number2 为 0，则第 3 行抛出 ZeroDivisionError 异常；若异常被捕获，则第 5 行处理异常，这里仅是输出错误信息。若没有抛出异常，则第 5 行不会被执行，程序执行完第 3 行后结束。若抛出的异常没有被捕获，则程序终止运行。

try-except 语句会消耗更多的资源。对于简单的错误检查，应该使用 if 语句。

9.4　内置异常类

BaseException 类是所有内置异常类的父类，其他所有的内置异常类都直接或间接地继承自 BaseException 类。

Exception 是除了 SystemExit、KeyboardInterrupt 和 GeneratorExit 之外的其他所有内置异常类的父类。此外，所有用户自定义异常类都应该派生自 Exception 类。

ArithmeticError 类是各种算术运算错误引发的内置异常类（如 ZeroDivisionError、OverflowError、FloatingPointError）的父类。

LookupError 类是集合、字典或序列的键或下标无效时引发的内置异常类（如 KeyError、IndexError）的父类。

常用内置异常类如下：

（1）AssertionError：断言语句（assert）失败抛出此异常。

（2）AttributeError：访问无效的对象属性时抛出此异常。

```
>>> set1 = {"air", "fire", "earth", "water"}
>>> set1.sort()
AttributeError: 'set' object has no attribute 'sort'
```

（3）EOFError：从文件中读取数据到达文件末尾时抛出此异常。

（4）IndexError：序列下标超出取值范围时抛出此异常。

```
>>> lst = [1, 2, 3, 4]
>>> print(lst[4])
IndexError: list index out of range
```

（5）KeyError：在集合、字典中找不到键时抛出此异常。

```
>>> set1 = {111, 222, 333}
>>> set1.remove(444)
KeyError: 444
```

（6）NameError：找不到名称（未定义或未初始化）时抛出此异常。

```
>>> b = a * 12
NameError: name 'a' is not defined
```

（7）OSError：遇到操作系统相关的错误（包括输入/输出故障，例如"未找到文件"或"磁盘已满"等）时抛出此异常。OSError 异常类包含很多子异常类，尝试创建已存在的文件或目录时抛出 FileExistsError 子异常，访问文件或目录但不存在时抛出 FileNotFoundError 子异常。

（8）OverflowError：浮点数算术运算的结果太大时抛出此异常。

```
>>> a = 88.5
>>> b = 74353634
>>> a ** b
OverflowError: (34, 'Result too large')
```

（9）RuntimeError：遇到一个不属于任何已知内置异常类的错误时抛出此异常。

（10）SyntaxError：遇到语法错误时抛出此异常。

```
>>> print "Hello, World!"
SyntaxError: Missing parentheses in call to 'print'
```

（11）TypeError：遇到无效的类型时抛出此异常。

```
>>> num = eval(123)
TypeError: eval() arg 1 must be a string, bytes or code object
```

（12）ValueError：遇到无效的值时抛出此异常。

```
>>> x = int("3.4")
ValueError: invalid literal for int() with base 10: '3.4'
```

（13）ZeroDivisionError：除法或求余运算中第 2 个操作数为 0 时抛出此异常。

```
>>> a = 12
>>> b = 0
>>> print(a % b)
ZeroDivisionError: integer division or modulo by zero
```

9.5　抛　出　异　常

异常处理的一个优点是函数能将异常抛出给其调用者，由调用者来处理异常。如果没有这种能力，被调用函数必须自己处理这个异常或者终止程序。通常被调用函数可以检测到错误，并不知道如何处理错误。只有调用者知道在错误出现时如何处理它。

异常处理将错误检测（在被调用函数中完成）和错误处理（在调用函数中完成）分隔开来。

【例 9.4】对例 9.3 的改进。

```
1   def divide(number1, number2):
2       if number2 == 0:
3           raise ZeroDivisionError("除数不能为 0!")
4       return number1 / number2
5   def main():
6       number1, number2 = eval(input("请输入以逗号分隔的两个整数："))
7       try:
8           print(number1, '/', number2, '=', divide(number1, number2))
9       except ZeroDivisionError as ex:
10          print("异常:", ex)
11  main()
```

【运行示例】

请输入以逗号分隔的两个整数：1,2↙
1 / 2 = 0.5
请输入以逗号分隔的两个整数：1,0↙
异常：除数不能为 0!

第 1～4 行是 divide 函数，返回两个整数的商。如果除数 number2 为 0，第 3 行抛出 ZeroDivisionError 异常。

第 5～10 行是 main 函数。第 8 行调用 divide 函数，如果函数正常执行，则把商返回给 main 函数并输出结果；如果函数遇到异常，则抛出异常，main 函数会捕获这个异常，第 10 行输出错误信息。

一个异常包裹在一个对象中，为了抛出异常对象，首先要创建一个异常类对象，然后使用 raise 关键字将它抛出：

raise ZeroDivisionError("除数不能为 0!")

可以将抛出的异常对象赋给一个变量：

except ZeroDivisionError as ex:

当捕获到异常时，抛出的异常对象就被赋给 ex（自定义的变量名），然后就可以使用 ex 对象来处理异常。这里 ex 对象中的 __str__ 特殊方法被调用，返回一个描述该异常的字符串"除数不能为 0!"。

9.6　进一步讨论异常处理

try-except 语句可以有多个 except 语句来处理不同的异常，还可以有可选的 else 语句和 finally
语句。

```
try:
    <语句块 1>
except <异常类型 1>
    <语句块 2>
...
except <异常类型 n>
    <语句块 n+1>
except:
    <语句块 n+2>
else:
    <语句块 n+3>
finally:
    <语句块 n+4>
```

当一个异常出现时，它会被顺序检查是否匹配 try 语句后的 except 语句中的异常类型，若匹
配<异常类型 1>，那么匹配该异常的<语句块 2>将被执行，剩下的 except 语句将会被忽略。依此
类推。若都不匹配 except 语句中的异常类型，则最后一个 except 语句的<语句块 n+2>将被执行。

可选的 else 语句，若没有异常发生，执行完<语句块 1>后，将会执行 else 语句的<语句块 n+3>。

可选的 finally 语句，不管是否发生异常，都会执行 finally 语句的<语句块 n+4>。

【例 9.5】try-except-else-finally 语句示例。

```
1  def main():
2      try:
3          number1, number2 = eval(input("请输入以逗号分隔的两个整数："))
4          print(number1, '/', number2, '=', number1 / number2)
5      except ZeroDivisionError:
6          print("除数为 0！")
7      except SyntaxError:
8          print("输入整数时缺少逗号分隔！")
9      except:
10         print("其他输入错误！")
11     else:
12         print("没有异常发生，执行 else 语句！")
13     finally:
14         print("执行 finally 语句！")
15 main()
```

【运行示例】

请输入以逗号分隔的两个整数：1,2✓

1 / 2 = 0.5

没有异常发生，执行 else 语句！

执行 finally 语句！
请输入以逗号分隔的两个整数：1,0↙
除数为 0！
执行 finally 语句！
请输入以逗号分隔的两个整数：1 2↙
输入整数时缺少逗号分隔！
执行 finally 语句！
请输入以逗号分隔的两个整数：1,x↙
其他输入错误！
执行 finally 语句！

输入 1,2 时，显示两个整数的商 0.5，然后执行 else 语句，最后执行 finally 语句。

输入 1,0 时，第 4 行抛出 ZeroDivisionError 异常，第 5 行捕获并处理该异常，然后执行 finally 语句。

输入 1 2 时，第 3 行抛出 SyntaxError 异常，第 7 行捕获并处理该异常，然后执行 finally 语句。

输入 1,x 时，第 3 行抛出其他异常，第 9 行捕获并处理该异常，然后执行 finally 语句。

当有多个 except 语句时，except 语句的书写顺序非常重要，因为 Python 是按这个顺序来寻找异常处理的。如果一个异常父类的 except 语句出现在异常子类的 except 语句之前，那么这个异常子类的 except 语句将永远不会被执行。

例如：

```python
try:
    number1, number2 = eval(input("请输入以逗号分隔的两个整数："))
    print(number1, '/', number2, '=', number1 / number2)
except Exception:
    print("错误!")
except ZeroDivisionError:
    print("除数为 0!")
except SyntaxError:
    print("输入整数时缺少逗号分隔!")
```

输出：

请输入以逗号分隔的两个整数：1,0↙
错误！

except ZeroDivisionError: 和 except SyntaxError: 永远不会执行。因为 ZeroDivisionError 和 SyntaxError 都是 Exception 的子类。

还可以使用 except: 来捕获所有异常，但通常不建议这样做。

例如：

```python
try:
    number1, number2 = eval(input("请输入以逗号分隔的两个整数："))
    print(number1, '/', number2, '=', number1 / number2)
except:
    print("错误!")
```

输出：

请输入以逗号分隔的两个整数：1,0↙

错误！

除了用多个 except 语句外，还可以在一个 except 语句的后面放多个异常类型。但通常不建议这样做。

例如：

```
try:
    number1, number2 = eval(input("请输入以逗号分隔的两个整数: "))
    print(number1, '/', number2, '=', number1 / number2)
except (ZeroDivisionError, SyntaxError):
    print("错误!")
```

输出：

请输入以逗号分隔的两个整数: 1,0↙

错误！

注意：except 语句的后面如果有多个异常类型，则一定要用圆括号括起来。

9.7　自定义异常类

内置异常类不可能满足所有的需求。在编写程序时，可以根据需要，自定义异常类。

通常可以从 Exception 类派生出用户自定义异常类。

与内置异常类相似，自定义异常类的命名都以 Error 结尾。

【例 9.6】自定义异常类 OutOfRangeError，处理程序中数据不在上下限范围内的异常。

```
1   class OutOfRangeError(Exception):
2       def __init__(self, message):
3           super().__init__()
4           self.__message = message
5       def __str__(self):
6           return self.__message
7   class IntRange:
8       def __init__(self, lower, upper):
9           self.__lower = lower
10          self.__upper = upper
11          self.__value = 0
12      def getValue(self):
13          self.__value = eval(input())
14          if self.__value < self.__lower or self.__value > self.__upper:
15              raise OutOfRangeError("溢出!")
16          return self.__value
17  def main():
18      lower, upper = (eval(value) for value in input().split())
19      range = IntRange(lower, upper)
20      try:
21          value = range.getValue()
22          print(value)
23      except OutOfRangeError as ex:
```

```
24        print(ex)
25 main()
```

【运行示例】

5 10↙

12↙

溢出!

5 10↙

7↙

7

输入数据的下限、上限及数据，如果数据在上下限范围内，则输出数据本身；否则输出"溢出!"。

第 1~6 行是自定义异常类 OutOfRangeError。它派生自 Exception 内置异常类。该类有一个私有数据域 message，用来存放异常信息；__init__ 构造方法用来设置异常信息；重定义 __str__ 特殊方法用来获取异常信息。

第 7~16 行是 IntRange 类。该类有 3 个私有数据域，value 存放输入值，lower 存放输入值的下限，upper 存放输入值的上限。__init__ 构造方法设置输入值的上下限。getValue 方法用于获取输入值；如果输入值在上下限范围内，则返回输入值；如果输入值超出了上下限范围，则抛出 OutOfRangeError 异常。

第 17~24 行是 main 函数。第 19 行创建了 IntRange 对象并设置上下限。第 21 行调用 IntRange 对象的 getValue 方法获取输入值，如果输入值在上下限范围内，第 22 行输出该输入值，结束程序运行；如果输入值超出了上下限范围，则抛出 OutOfRangeError 异常；第 23 行捕获 OutOfRangeError 异常，第 24 行输出错误信息

9.8 断　　言

断言通常在程序调试阶段使用，辅助程序员调试程序，确保程序的正确性。

断言语句的语法如下：

```
assert expression[,arguments]
```

assert 是关键字。测试表达式 expression 是否为 True，若测试结果为 False，则终止程序运行并抛出 AssertionError 异常。AssertionError 是 Python 内置异常类，表示断言语句失败。arguments 参数可选，通常是字符串，表示错误信息。

例如：

```
number1, number2 = eval(input("请输入以逗号分隔的两个整数："))
assert number2 != 0, "除数不能为 0!"
print(number1, '/', number2, '=', number1 / number2)
```

输出：

```
请输入以逗号分隔的两个整数：1,0↙
AssertionError: 除数不能为 0!
```

assert 语句检查除数 number2 是否为 0，若为 0，则终止程序运行并抛出 AssertionError 异常；若不为 0，则输出除法结果。

思考与练习

1. 程序设计错误通常可以分为哪三类？

2. 异常处理的优点是什么？

3. 简述异常处理中 try、except、else 和 finally 的作用。

4. 自定义异常类的好处是什么？

5. 简述断言的作用。

6. 判断下列说法的对错。

（1）try 语句可以有一个或多个 except 语句。

（2）try 语句可以有一个或多个 finally 语句。

（3）若 try 语句中的代码引发了异常，则会执行 else 语句中的代码。

（4）不论是否发生异常，finally 语句中的代码总是会执行的。

（5）内置异常类的父类是 Exception。

7. 执行 123 + "abc"，将抛出_____异常。

8. 假设 list1 = ['a', 'b', 'c']，执行 list1[3]，将抛出_____异常。

9. 假设 dict1 = {0:"female", 1:"male"}，执行 dict1[2]，将抛出_____异常。

10. 若输入分别为 10、50、-10 和 t，写出下列程序的输出结果。

```
try:
    temperature = eval(input("Enter a temperature: "))
    if temperature > 40:
        raise RuntimeError("It is too hot")
    if temperature < 0:
        raise RuntimeError("It is too cold")
except RuntimeError as ex:
    print(ex)
except:
    print("Other errors")
else:
    print(temperature)
```

编 程 题

1. 定义函数 def square_root(x)，求 x 的平方根，如果 x 是负数，则抛出 ArithmeticError 异常，否则调用数学函数 sqrt 返回 x 的平方根。编写程序，输入一个数，调用 square_root 函数，输出该数的平方根，结果保留 2 位小数；或处理异常，输出 "Invalid"。

【运行示例】

8.5↙

2.92

-8↙

Invalid

2. 定义函数 def get_area(a, b, c)，求等腰三角形面积，如果 a、b、c 不能构成等腰三角形，则抛出 ValueError 异常，否则返回等腰三角形面积。编写程序，输入边长 a、b、c，其间以空格分隔，调用 get_area 函数，输出等腰三角形的面积，结果保留 2 位小数；或处理异常，输出 The input is illegal。

【运行示例】

```
3 4 5↙
The input is illegal
8 5 8↙
19.00
```

3. 定义函数 def quotient(numerator, denominator)，求 numerator 和 denominator 的商，如果 denominator 为 0，则抛出 ZeroDivisionError 异常，否则返回商。编写程序，输入两个整数，调用 quotient 函数，输出两个整数的商；或处理异常，如果输入的不是整数，则抛出 TypeError 或 NameError 异常，输出 "You must enter integers. Please try again."，重新输入整数，直至结果正确。如果 denominator 为 0，则抛出 ZeroDivisionError 异常，输出 "Zero is an invalid denominator. Please try again."，重新输入整数，直至结果正确。

【运行示例】

```
100 0↙
Zero is an invalid denominator. Please try again.
100 hello↙
You must enter integers. Please try again.
100 5.6↙
You must enter integers. Please try again.
100 7↙
14
```

4. 自定义异常类 NegativeNumberError，表示对负数执行操作时出现的异常，如计算负数的平方根。该类有一个私有数据域 message，存放异常信息；__init__构造方法，设置异常信息；重定义__str__特殊方法，获取异常信息。定义函数：def square_root(x)，求 x 的平方根，如果 x 是负数，则抛出 NegativeNumberError 异常，否则调用数学函数 sqrt 返回 x 的平方根。编写程序，输入一个数，调用 square_root 函数，输出该数的平方根，结果保留 2 位小数；或处理异常，输出 "Invalid"。

【运行示例】

```
8.5↙
2.92
-8↙
Invalid
```

5. 自定义异常类 TriangleError。该类有一个私有数据域 message，用来存放异常信息；__init__构造方法，用来设置异常信息；重定义__str__特殊方法，获取异常信息。定义 Triangle 类。该类有私有数据域 side1、side2、side3，表示三角形三条边；私有成员方法 is_valid，判断三条边能否构成三角形；如果能构成三角形，返回 True，否则返回 False；__init__构造方法，将三角形三条边设置为给定的参数，三条边的默认参数值为 1，需要调用 is_valid 方法判断三条边能否构成三角形，如果不能构成三角形，则抛出 TriangleError 异常。更改器方法 set_side1、set_side2 和 set_side3，分别用于更改三角形三条边，每个更改器方法需要调用 is_valid 方法检查边的有效性；访问器方法 get_side1、get_side2 和 get_side3，分别用于访问三角形三条边；成员方法 get_perimeter，返回三角形周长；成员方法 get_area，返回三角形面积。编写程序，输入边长 a、b、c，其间以空格分隔，输出三角形的周长和面积，结果保留 2 位小数；或处理异常，输出"Invalid triangle three sides"。

【运行示例】

```
2 2.5 2.5↙
7.00
2.29
-1 1 1↙
Invalid triangle three sides
```

第 *10* 章 文 件

程序要与外界进行交互，就必须使用相应的机制与输入/输出设备打交道。程序的输入是指从输入设备接收数据，程序的输出是指将数据传递给输出设备。程序利用变量保存数据，如输入的数据、计算结果及运行过程中产生的任何中间值，程序运行结束后，变量的值就消失了。在很多应用中，永久保存数据是很重要的。解决数据永久性保存的有效方式是使用文件。

10.1 文件的概念

文件是存放在计算机外存上的一组相关信息的集合。每个文件必须有一个名字，通过文件名，可以找到对应的文件。操作系统的文件管理机制将所有与输入/输出有关的操作都统一到文件的概念中，把输入/输出设备也看作文件。

通常有两种类型的文件：文本文件和二进制文件。可以将文本文件理解为由一个字符序列构成，而二进制文件由一个二进制字节序列构成。例如，十进制整数 110，在文本文件中存储为 3 个字符'1'、'1'、'0'构成的字符序列（假设字符集为 ASCII），占 3 个字节。而在二进制文件中存储为 01101110（十进制的 110 等于二进制的 01101110），占用 1 个字节。

程序对文件进行操作时，需要考虑该文件是文本文件还是二进制文件。

为了能与文件交换数据，需要与文件建立联系。处理文件之前，必须先创建文件对象（file object），它与文件相关。通过文件对象操作文件。

注意：计算机并不会区分文本文件和二进制文件。所有的文件都以二进制格式存储，因此实际上所有的文件都是二进制文件。

输入/输出设备的速度远低于中央处理器 CPU 处理数据的速度，向外存写入数据或者从外存读入数据都是相对较慢的操作，在程序中直接访问文件效率很低。解决这一矛盾的有效方式是使用文件缓冲区。文件缓冲区其实是内存中若干数量的存储单元，作为文件与使用文件数据的程序之间的桥梁。文件缓冲区工作原理如图 10.1 所示。

当程序需要把数据写入文件时，首先把数据存放在内存的缓冲区中，当缓冲区满了，操作系统自动将当时缓冲区中的所有数据真正写入文件。将缓冲区中的数据写入文件的过程称为"刷新"。

当程序需要从文件中读入数据时，操作系统首先自动将文件中的数据存放到内存的缓冲区中，程序实际上是从缓冲区中读入数据，当缓冲区中数据读完后，才由操作系统自动读入文件中的下一批数据，将缓冲区重新填满。

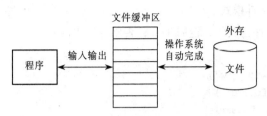

图 10.1　文件缓冲区工作原理

10.2　文　件　操　作

对文件进行操作前必须先打开文件。打开文件的含义是指将文件对象与外存上的文件建立联系。成功打开文件后，对该文件的操作都将通过文件对象来完成。

```
file_object = open(filename, mode)
```

open 函数第一个参数 filename 为文件名；第二个参数 mode 为文件模式，指定如何打开文件。返回文件对象 file_object。

在打开文件时，通常需要指定文件模式。表 10.1 列出了文件模式。

表 10.1　文　件　模　式

模　　式	含　　　　　　　　　　　义
'r'	只读模式（默认）。文件不存在则抛出 FileNotFoundError 异常
'w'	只写模式。文件不存在则创建；存在则清空文件原有内容
'x'	独占只写模式。文件不存在则创建；存在则抛出 FileExistsError 异常
'a'	只写模式。文件不存在则创建；存在则在文件原有内容末尾追加内容
'b'	二进制文件模式
't'	文本文件模式（默认）
'+'	读写模式。与其他模式组合使用

文件模式可以组合。如"r+"以读写方法打开文件，"rb"以只读方式打开二进制文件。

文件默认以文本文件模式打开。打开二进制文件要显式指定二进制文件模式。

一个程序可以同时打开的文件数目通常是有限的，文件使用完毕后必须关闭文件。关闭文件的含义是将文件对象与外存上的文件脱离联系，释放打开文件时占用的资源。可以调用 close 方法。

```
file_object.close()
```

退出程序时会自动关闭所有打开的文件，但养成显式关闭文件的习惯还是很有好处的。

当程序需要把数据写入文件时，首先把数据存放在内存的缓冲区中，当缓冲区满了或关闭文件时，操作系统自动将当时缓冲区中所有数据真正写入文件，"刷新"缓冲区的操作是自动进行的。程序如果需要强制"刷新"缓冲区，可以调用 flush 方法。

```
file_object.flush()
```

一旦创建了文件对象，就可以使用文件对象属性得到该文件的一些信息。

- name 属性，返回文件名。
- mode 属性，返回文件模式。
- closed 属性，若文件已关闭，返回 True；否则返回 False。

例如：

```
fo = open("foo.txt", 'w')
print("文件名:", fo.name)
print("文件模式:", fo.mode)
print("是否关闭:", fo.closed)
fo.close()
```

输出：

```
文件名: foo.txt
文件模式: w
是否关闭: False
```

10.3　文 件 读 写

10.3.1　文本文件读写

1. 往文件中写入数据

- write(str)：向文件中写入 str 字符串，不会自动在字符串末尾添加'\n'换行字符。
- writelines(sequence)：向文件中写入 sequence 字符串列表，不会自动在字符串末尾添加'\n'换行字符。

例如：

```
fo = open("foo.txt", 'w')
fo.write("这是第一行\n")
fo.write("这是第二行\n")
fo.write("这是第三行\n")
fo.write("这是第四行\n")
fo.write("这是第五行\n")
fo.close()
```

使用记事本程序打开 foo.txt，查看其内容，如图 10.2 所示。

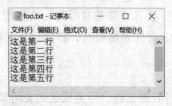

图 10.2　foo.txt 文件内容

由于文件读写时都有可能产生 IOError 异常，一旦出错，后面的 close 方法就不会被调用。为了保证无论是否出错都能正确地关闭文件，可以使用 try ... finally 语句。

例如：

```
try:
```

```
        fo = open("foo.txt", 'w')
        fo.write("这是第一行\n")
        fo.write("这是第二行\n")
        fo.write("这是第三行\n")
        fo.write("这是第四行\n")
        fo.write("这是第五行\n")
finally:
    if fo:
            fo.close()
```

更好的方式是使用 with 语句。在 with 语句中，调用 open 函数打开文件，但无须显式调用 close 方法关闭文件，在合适的时候会自动关闭文件。

例如：

```
with open("foo.txt", 'w') as fo:
        fo.write("这是第一行\n")
        fo.write("这是第二行\n")
        fo.write("这是第三行\n")
        fo.write("这是第四行\n")
        fo.write("这是第五行\n")
```

为了防止文件中已存在的数据被意外清除，在打开文件前可以检测该文件是否存在。使用 os.path 模块中的 isfile 方法判断一个文件是否存在，存在则返回 True，否则返回 False。

例如：

```
import os.path
if os.path.isfile("foo.txt"):
        print("文件 foo.txt 已经存在! ")
else:
        pass
```

2．从文件中读取数据

- read(size=-1)：从文件中读取 size 指定的字符数。如果未给定 size 或 size 为负数，则读取所有内容。
- readline(size=-1)：从文件中读取 size 指定的字符数。如果未给定 size 或 size 为负数，则读取一整行内容，包括'\n'换行字符。
- readlines(hint=-1)：从文件中读取 hint 指定的行数。如果未给定 hint 或 hint 为负数，则读取所有行内容。返回以每行为元素形成的一个列表。

例如：

```
with open("foo.txt", 'r') as fo:
        print(fo.read().rstrip())
```

或者：

```
with open("foo.txt", 'r') as fo:
        lines = fo.readlines()
        for line in lines:
                print(line.rstrip())
```

也可以：

```
with open("foo.txt", 'r') as fo:
    for line in fo:
            print(line.rstrip())
```

输出：

这是第一行
这是第二行
这是第三行
这是第四行
这是第五行

3. 往文件中追加数据

例如：

```
with open("foo.txt", 'a') as fo:
    lines = ["我喜欢编程\n", "Python 很有趣\n"]
    fo.writelines(lines)
with open("foo.txt", 'r') as fo:
    for line in fo:
            print(line.rstrip())
```

输出：

这是第一行
这是第二行
这是第三行
这是第四行
这是第五行
我喜欢编程
Python 很有趣

4. 读写数值数据

例如：

```
from random import randint
with open("numbers.txt", 'w') as fo:
    for i in range(10):          # 写入 10 个随机整数
            fo.write(str(randint(0, 9)) + ' ')

with open("numbers.txt", 'r') as fo:
    all_content = fo.read()     # 读取文件所有内容
    numbers = [eval(x) for x in all_content.split()]
    for number in numbers:
            print(number, end=' ')
```

输出：

6 7 7 0 8 6 3 8 4 9
每次运行的结果可能是不同的。

为了向文件中写入数字，首先要将它们转换为字符串，然后利用 write 方法将它们写入文件。

为了能从文件中正确读取数字，写入文件时利用空格来分隔数字。因为数字被空格分隔，字符串的 split 方法能够将该字符串分解成列表，从列表中获取数字并显示。

10.3.2　二进制文件读写

可以使用二进制文件模式打开或创建文件，以进行二进制文件的读写操作。

例如：

```
with open("foo.dat", "wb") as fo:
     fo.write("这是第一行\n".encode("UTF-8"))
     fo.write("这是第二行\n".encode("UTF-8"))
     fo.write("这是第三行\n".encode("UTF-8"))
     fo.write("这是第四行\n".encode("UTF-8"))
     fo.write("这是第五行\n".encode("UTF-8"))
     fo.write("我喜欢编程\n".encode("UTF-8"))
     fo.write("Python 很有趣\n".encode("UTF-8"))
with open("foo.dat", "rb") as fo:
     for line in fo:
             print(line.rstrip())
             print(line.rstrip().decode("UTF-8"))
```

输出：

```
b'\xe8\xbf\x99\xe6\x98\xaf\xe7\xac\xac\xe4\xb8\x80\xe8\xa1\x8c'
这是第一行
b'\xe8\xbf\x99\xe6\x98\xaf\xe7\xac\xac\xe4\xba\x8c\xe8\xa1\x8c'
这是第二行
b'\xe8\xbf\x99\xe6\x98\xaf\xe7\xac\xac\xe4\xb8\x89\xe8\xa1\x8c'
这是第三行
b'\xe8\xbf\x99\xe6\x98\xaf\xe7\xac\xac\xe5\x9b\x9b\xe8\xa1\x8c'
这是第四行
b'\xe8\xbf\x99\xe6\x98\xaf\xe7\xac\xac\xe4\xba\x94\xe8\xa1\x8c'
这是第五行
b'\xe6\x88\x91\xe5\x96\x9c\xe6\xac\xa2\xe7\xbc\x96\xe7\xa8\x8b'
我喜欢编程
b'Python\xe5\xbe\x88\xe6\x9c\x89\xe8\xb6\xa3'
Python 很有趣
```

encode 方法对字符串进行编码，形成字节码，写入二进制文件。decode 方法对字节码进行解码。注意观察输出中字节码和原始内容的对比。

每个文件都有一个位置指示器。当打开文件时，位置指示器指向文件开头。读写文件时，位置指示器会自动顺序推进，直至文件末尾。这种访问文件的方式称为顺序访问方式。有时希望能够直接跳到文件的某个位置进行读写操作，而不是从头到尾顺序进行读写操作。这种访问文件的方式称为随机访问方式。随机访问方式最适合于二进制文件。

使用文件对象的 seek 成员方法，可以随意移动位置指示器到指定的位置。

```
file_object.seek(offset[, whence])
```

参数 offset 表示以 whence 为基准移动的偏移量（以字节为单位），正偏移量表示从 whence 开始向文件末尾方向移动，负偏移量表示从 whence 开始向文件开头方向移动。参数 whence 指定从哪个位置开始计算偏移量，0 代表从文件开头开始算起（默认值），1 代表从位置指示器当前位置开始算起，2 代表从文件末尾算起。

使用文件对象的 tell 成员方法，可以返回位置指示器当前位置（以字节为单位）。

```
file_object.tell()
```

例如：

```
with open("foo.dat", "rb+") as fo:
    fo.write("重写第一行\n".encode("UTF-8"))
    fo.seek(0)                    # 定位到文件开头
    line = fo.readline()          # 读取文件第一行
    print(line.rstrip().decode("UTF-8"))
    position = fo.tell()
    print("当前位置:", position)
    fo.seek(96)                   # 跳过文件前六行
    line = fo.readline()          # 读取文件第七行
    print(line.rstrip().decode("UTF-8"))
    position = fo.tell()
    print("当前位置:", position)
```

输出：

```
重写第一行
当前位置: 16
Python 很有趣
当前位置: 112
```

10.4　对象序列化

10.4.1　pickle 模块

pickle 模块用于 Python 对象的序列化和反序列化。序列化是指将一个对象转换为能够存储在文件中或在网络上进行传输的字节流的过程。反序列化则相反，指的是从字节流中提取出对象的过程。Python 中的所有数据都是对象，可以使用 pickle 模块的 dump 和 load 方法读写二进制文件的任何数据。

例如：

```
import pickle
with open("pickle.dat", "wb") as fo:
    pickle.dump(85, fo)
    pickle.dump(23.45, fo)
    pickle.dump("编程非常有意思", fo)
    pickle.dump([111, 222, 333, 444], fo)
with open("pickle.dat", "rb") as fo:
    print(pickle.load(fo))
    print(pickle.load(fo))
    print(pickle.load(fo))
    print(pickle.load(fo))
```

输出：

```
85
123.45
```

编程非常有意思

[111, 222, 333, 444]

使用 load 方法反复读取二进制文件中的数据，当到达文件末尾，会抛出 EOFError 异常。当抛出这个异常时，捕获并处理它可以结束文件读取过程。

因此，如果不知道文件中有多少数据，可以利用异常处理机制读取文件中的所有数据。

例如：

```
import pickle
with open("pickle.dat", "rb") as fo:
end_of_file = False
while not end_of_file:
    try:
        print(pickle.load(fo), end=' ')
    except EOFError:
        end_of_file = True
print("\n 所有数据都读取了")
```

输出：

85 123.45 编程非常有意思 [111, 222, 333, 444]

所有数据都读取了

10.4.2　JSON

pickle 模块的序列化和反序列化对象只能用于 Python。如果要在不同的编程语言之间传递对象，就必须把对象序列化为标准数据交换格式。常用的标准数据交换格式有可扩展标记语言（Extensible Markup Language，XML）和 JavaScript 对象标记（JavaScript Object Notation，JSON）。

JSON 是一种轻量级的数据交换格式，采用完全独立于编程语言的文本格式来存储和表示数据，易于阅读和理解，可以被所有编程语言读取，方便存储在文件中或在网络上传输，比 XML 更简单快捷。

JSON 格式如下：对象是一个无序的键/值对的集合。一个对象以左花括号{开始，以右花括号}结束。每个键后跟一个冒号:，键/值对之间使用逗号,分隔。数组是值的有序集合。一个数组以左方括号[开始，以右方括号]结束。值之间使用逗号,分隔。字符串必须用双引号""，键也必须用双引号""，字符集必须是 UTF-8。

例如：

```
{
    "students": [
        {
            "name": "小明",
            "gender": true,
            "skills": ["C++", "Java"]
        },
        {
            "name": "小慧",
            "gender": false,
            "skills": ["JavaScript", "Python"]
```

```
        }
    ]
}
```

Python 的 json 模块用于 Python 对象和 JSON 格式之间的序列化和反序列化。

json 模块的 dumps 方法将 Python 对象序列化（编码）为 JSON 格式字符串。loads 方法将 JSON 格式字符串反序列化（解码）为 Python 对象。

在 json 的编码/解码过程中，Python 的内置数据类型与 JSON 的数据类型会相互转换。表 10.2 是具体的数据类型转换对应表。

表 10.2   数据类型转换对应表

Python 数据类型	JSON 数据类型
dict	object
list、tuple	array
str	string
int、float	number
True	true
False	false
None	null

例如：

```python
import json
d1 = {"name": "小明", "gender": True, "skills": ["C++", "Java"]}
print(d1)
json_string = json.dumps(d1, ensure_ascii=False, indent=4)
print(json_string)
d2 = json.loads(json_string)
print(d2)
print(d1 == d2)
```

输出：

```
{'name': '小明', 'gender': True, 'skills': ['C++', 'Java']}
{
    "name": "小明",
    "gender": true,
    "skills": [
        "C++",
        "Java"
    ]
}
{'name': '小明', 'gender': True, 'skills': ['C++', 'Java']}
True
```

dumps 方法的 ensure_ascii 参数指定如何处理非 ASCII 字符（如中文字符），默认值为 True，非 ASCII 字符转换为 UTF-8 编码的字节码，修改为 False，就可以正常显示非 ASCII 字符了；indent 参数指定缩进空格数，使得生成的 JSON 格式字符串更具有可读性。此外，sort_keys 参数默认值为 False，修改为 True，将数据按键进行排序；separators 参数的作用是去掉,和:后面的空格。

例如：

```
import json
d = {'b':456, 'c':789, 'a':123}
json_string1 = json.dumps(d, sort_keys=True)
json_string2 = json.dumps(d, sort_keys=True, indent=4)
json_string3 = json.dumps(d, sort_keys=True, separators=(',', ':'))
print(json_string1, len(json_string1))
print(json_string2, len(json_string2))
print(json_string3, len(json_string3))
```

输出：

```
{"a": 123, "b": 456, "c": 789} 30
{
    "a": 123,
    "b": 456,
    "c": 789
} 44
{"a":123,"b":456,"c":789} 25
```

比较输出的 JSON 格式字符串的长度，可以发现通过移除多余的空格，达到了压缩数据的目的。

json 模块的 dump 方法将 Python 对象序列化（编码）为 JSON 格式字符串，并存放在文件中。load 方法将文件中的 JSON 格式字符串反序列化（解码）为 Python 对象。

例如：

```
import json
d1 = {"name": "小明", "gender": True, "skills": ("C++", "Java")}
print(d1)
with open("json.txt", 'w') as fo:
    json.dump(d1, fo, ensure_ascii=False)
with open("json.txt", 'r') as fo:
    d2 = json.load(fo)
print(d2)
```

输出：

```
{'name': '小明', 'gender': True, 'skills': ('C++', 'Java')}
{'name': '小明', 'gender': True, 'skills': ['C++', 'Java']}
```

通过输出结果可以看出，解码后有些数据类型改变了，例如元组转换为了列表。

json 模块可以直接序列化 Python 的内置数据类型。对于用户自定义类的对象，则无法直接序列化，需要进行定制，否则会抛出 TypeError 异常。

例如：

```
import json
class Student:
    def __init__(self, name, gender, skills):
        self.name = name
        self.gender = gender
        self.skills = skills
s = Student("小明", True, ["C++", "Java"])
```

```
print(json.dumps(s))
```

输出：

```
TypeError: Object of type 'Student' is not JSON serializable
```

查看表 10.2，可以发现 object 类型是与 dict 类型相关联的，所以需要把用户自定义类的对象转换为 dict 类型对象，然后再进行处理。自定义一个转换函数 object_to_dict，编码时利用 dumps 方法的 default 参数指定调用该函数，就可以序列化自定义类的对象。

同样的道理，解码时也需要自定义一个转换函数 dict_to_object，利用 loads 方法的 object_hook 参数指定调用该函数，就可以反序列化自定义类的对象。

例如：

```
import json
class Student:
    def __init__(self, name, gender, skills):
        self.name = name
        self.gender = gender
        self.skills = skills
def object_to_dict(obj):
        return {"name":obj.name "gender":obj.gender, "skills":obj.skills}
def dict_to_object(obj):
        return Student(obj["name"], obj["gender"], obj["skills"])
s = Student("小明", True, ["C++", "Java"])
json_string = json.dumps(s, ensure_ascii=False, default=object_to_dict)
print(json_string)
d = json.loads(json_string,object_hook=dict_to_object)
print(d.name, d.gender, d.skills)
```

输出：

```
{"name": "小明", "gender": true, "skills": ["C++", "Java"]}
小明 True ['C++', 'Java']
```

10.5　内　存　文　件

内存文件不是存放在外存上的真正文件，而是存放在内存中的虚拟文件。Python 的 io 模块中的 StringIO 类用于实现内存文本文件的操作；BytesIO 类用于实现内存二进制文件的操作。

10.5.1　StringIO

StringIO 就是在内存中读写字符串。

首先需要创建一个 StringIO 对象，然后就可以像文件一样读写字符串了。

```
StringIO(initial_value='', newline='\n')
```

StringIO 对象是类似文件的对象（file-like object），拥有文件对象的所有方法，如 read、write 等。此外新增了 getvalue 方法用于获取 StringIO 对象中的所有内容。

例如：

```
from io import StringIO
s = StringIO("Hello Python!\nProgramming is fun.")
```

```
print(s.getvalue())
s.close()
```

或者：

```
from io import StringIO
s = StringIO()
s.write("Hello Python!\nProgramming is fun.")
s.seek(0)
print(s.read())
s.close()
```

输出：

```
Hello Python!
Programming is fun.
```

因为 write 方法更改了当前位置指示器，需要使用 seek 方法将位置指示器定位到文件开头，否则读取不到任何东西。

10.5.2 BytesIO

BytesIO 就是在内存中读写二进制数据。

首先需要创建一个 BytesIO 对象，然后就可以像文件一样读写二进制数据了。

```
BytesIO([initial_bytes])
```

BytesIO 对象是类似文件的对象，拥有文件对象的所有方法，如 read、write 等。此外新增了 getvalue 方法用于获取 BytesIO 对象中的所有内容。

例如：

```
from io import BytesIO
b = BytesIO("Python 很有趣".encode("UTF-8"))
print(b.getvalue().decode("UTF-8"))
b.close()
```

或者：

```
from io import BytesIO
b = BytesIO()
b.write("Python 很有趣".encode("UTF-8"))
b.seek(0)
print(b.read().decode("UTF-8"))
b.close()
```

输出：

```
Python 很有趣
```

注意：写入的不是字符串，而是经过 UTF-8 编码的字节码。

10.6　CSV 文件

逗号分隔值（comma-separated values，CSV）是一种通用的、相对简单的文件格式，在商业和科学上得到广泛应用。CSV 文件将表格数据存储为纯文本，很多程序可以存储、转换和处理纯文本文件，因此 CSV 文件主要用于在程序之间转移表格数据。

CSV 文件是纯文本文件，通常以.csv 为文件扩展名；以行为单位，一行数据不跨行，开头没有空行，行之间也没有空行；每行数据通常以逗号（英文、半角）为分隔符分隔成单元格，单元格数据为空的话也要保留逗号；可以包含或不包含列名，若包含，列名必须位于文件第一行。

可以使用 Excel 打开 CSV 格式文件，也可以将 Excel 电子表格文件另存为 CSV 格式文件。在 Excel 电子表格文件中，每个单元格都有一个定义好的"类型"（数值、文本、日期、货币等），而 CSV 文件中的单元格则只是原始数据。另外，CSV 文件只能保存数据，不能保存公式。

要使用 CSV 文件，需要先创建一个 CSV 文件。在 Excel 中新建一个电子表格文件，取名 scores.xlsx，向其中加入数据，如图 10.3 所示。

	A	B	C	D	E	F	G
1	学号	姓名	性别	作业成绩	实验成绩	期中成绩	期末成绩
2	2017211001	李川	女	86	82	68	64
3	2017211002	祝琪琪	女	90	84	66	70
4	2017211003	曹健	男	80	89	80	80
5	2017211004	邱和顺	男	81	77	74	66
6	2017211005	王灿金	男	82	49	68	72

图 10.3　scores.xlsx 文件

将 scores.xlsx 另存为 scores.csv。使用记事本程序打开 scores.csv，查看其内容，如图 10.4 所示。

```
scores.csv - 记事本                             —    □   ×
文件(F) 编辑(E) 格式(O) 查看(V) 帮助(H)
学号,姓名,性别,作业成绩,实验成绩,期中成绩,期末成绩
2017211001,李川,女,86,82,68,64
2017211002,祝琪琪,女,90,84,66,70
2017211003,曹健,男,80,89,80,80
2017211004,邱和顺,男,81,77,74,66
2017211005,王灿金,男,82,49,68,72
```

图 10.4　scores.csv 文件

Python 提供了一个专门处理 CSV 文件的 csv 模块。

要使用 csv 模块，必须先导入 csv 模块：import csv。

```
reader(csvfile, dialect='excel', **fmtparams)
```

从 CSV 文件读取数据。其中，csvfile 是文件对象或列表对象，如果 csvfile 是文件对象，则应使用 newline=""打开它；dialect 指定 CSV 文件的格式，默认值是 excel，即以逗号为分隔符；fmtparams 指定特定的格式，可以覆盖 dialect 中的格式。

返回可迭代的 reader 对象。reader 对象其实就是由 CSV 文件的多行数据构成的，每行数据会有一个 line_num 属性，表示行数；next 方法返回一个列表，表示 reader 对象的下一行内容。

```
writer(csvfile, dialect='excel', **fmtparams)
```

向 CSV 文件写入数据。其中，csvfile 是支持 write 方法的任何对象，如果 csvfile 是文件对象，则应使用 newline=""打开它；dialect 指定 CSV 文件的格式，默认值是 excel，即以逗号为分隔符；fmtparams 指定特定的格式，可以覆盖 dialect 中的格式。

返回 writer 对象，对象的 writerow 方法写入一行数据，writerows 方法写入多行数据。

例如：

```
import csv
```

```
rows = [["2017211006", "路凡义", '男', '90', '85', '78', '98'],
        ["2017211007", "刘露", '女', '60', '52', '74', '66']]
with open("scores.csv", newline='', mode='a') as csv_out_file:
    filewriter = csv.writer(csv_out_file)
    filewriter.writerows(rows)
with open("scores.csv", newline='', mode='r') as csv_in_file:
    filereader = csv.reader(csv_in_file)
    header = next(filereader)
    print(filereader.line_num, header)
    for row in filereader:
        print(filereader.line_num, row)
```

输出：

```
1 ['学号', '姓名', '性别', '作业成绩', '实验成绩', '期中成绩', '期末成绩']
2 ['2017211001', '李川', '女', '86', '82', '68', '64']
3 ['2017211002', '祝琪琪', '女', '90', '84', '66', '70']
4 ['2017211003', '曹健', '男', '80', '89', '80', '80']
5 ['2017211004', '邱和顺', '男', '81', '77', '74', '66']
6 ['2017211005', '王灿金', '男', '82', '49', '68', '72']
7 ['2017211006', '路凡义', '男', '90', '85', '78', '98']
8 ['2017211007', '刘露', '女', '60', '52', '74', '66']
```

csv 模块还定义了如下类：

```
DictReader(csvfile, fieldnames=None, restkey=None, restval=None, dialect=
'excel', *args, **kwds)
```

从 CSV 文件读取数据，将文件中的每行数据映射到字典中，由可选的 fieldnames 参数指定字典的键（即文件中第一行标题字段名）。fieldnames 参数是一个键序列。如果省略 fieldnames 参数，则文件中第一行的值将作为 fieldnames。

DictReader 类创建了一个类似 reader 的对象，对象的 fieldnames 属性返回一个由标题字段名构成的列表。

```
DictWriter(csvfile, fieldnames, restval='', extrasaction='raise', dialect=
'excel', *args, **kwds)
```

向 CSV 文件写入数据。将字典中的数据映射到输出文件中的每行数据。fieldnames 参数指定字典的键（即文件中第一行标题字段名）。fieldnames 参数是一个键序列，用于标识传递给 writerow 方法的字典中的值写入文件中的顺序。

DictWriter 类创建了一个类似 writer 的对象，对象的 writeheader 方法将标题字段名写入文件。

与 DictReader 类不同，DictWriter 类的 fieldnames 参数不是可选的。

例如：

```
import csv
with open("scores.csv", newline='', mode='r') as csv_in_file:
    filereader = csv.DictReader(csv_in_file)
    header = filereader.fieldnames          # 获取标题字段名
    header.append("总分")                    # 添加一个新的标题字段名
    with open("new_scores.csv", newline='', mode='w') as csv_out_file:
        filewriter = csv.DictWriter(csv_out_file, header)
```

```
filewriter.writeheader()        # 写入标题字段名
for row in filereader:
    total = (eval(row["作业成绩"]) + eval(row["期中成绩"])) * 0.2 + \
            (eval(row["实验成绩"]) + eval(row["期末成绩"])) * 0.3
    row["总分"] = int(total)
    filewriter.writerow(row)
```

变量 total 中存放按比例计算的总分，取整并添加到字典 row 中，writerow 方法将字典 row 写入文件。

使用记事本程序打开 new_scores.csv，查看其内容。如图 10.5 所示。

图 10.5　new_scores.csv 文件

10.7　电子表格文件

电子表格软件 Excel 在商业和科学上得到了广泛应用。Python 中没有处理 Excel 文件（扩展名为.xlsx 的文件）的标准模块，需要使用第三方模块，如 openpyxl 模块。

打开命令提示符窗口（可能需要以管理员身份运行），输入 pip install openpyxl 来安装 openpyxl 模块。

openpyxl 模块可用于读写 Excel 文件（支持.xls 和.xlsx 格式文件）。

Excel 文件和 Excel 工作簿（workbook）是一回事。Excel 工作簿包含一个或多个工作表（sheet）。每个工作表由单元格（cell）组成，都有行和列，行以数字 1 开始，列以字母 A 开始。

1. 读取 Excel 文件

openpyxl 模块读取 Excel 文件的基本操作如下：

（1）导入 openpyxl 模块：

```
import openpyxl
```

（2）打开 Excel 文件：

```
workbook = openpyxl.load_workbook("文件名.xlsx")
```

（3）获取工作表的名称：

```
workbook.sheetnames        # 所有工作表名称，返回列表
workbook.sheetnames[0]     # 第一个工作表名称
```

（4）获取工作表：

```
workbook.worksheets                     # 工作簿中所有工作表，返回列表
worksheet = workbook.active             # 工作簿中当前默认选中的工作表
worksheet = workbook.worksheets[0]      # 第一个工作表
worksheet = workbook["工作表名"]         # 工作表名对应的工作表
```

（5）获取某个工作表的名称、行数和列数：

```
worksheet.title
worksheet.min_row              # 有效数据最小行，起始为 1
worksheet.max_row              # 有效数据最大行
worksheet.min_column           # 有效数据最小列，起始为 1
worksheet.max_column           # 有效数据最大列
```

（6）获取整行和整列：

```
worksheet.rows                 # 返回所有有效数据行
worksheet.columns              # 返回所有有效数据列
worksheet.values               # 返回所有有效单元格的值
worksheet[2]                   # 第二行，返回元组
```

（7）获取单元格的值：

```
worksheet.cell(2, 2).value     # 第二行第二列内容，下同
worksheet["B2"].value
worksheet[2][1].value          # 元组下标从 0 开始
```

2．写入 Excel 文件

openpyxl 模块写入 Excel 文件的基本操作如下：

（1）导入 openpyxl 模块：

```
import openpyxl
```

（2）新建 Excel 文件：

```
workbook = openpyxl.Workbook()
```

内含一个名为 Sheet 的默认空白工作表。

（3）新建工作表：

```
worksheet = workbook.create_sheet() # 插入在工作簿末尾
worksheet.title = "工作表名"            # 修改工作表名
worksheet = workbook.create_sheet("工作表名")
```

（4）删除工作表：

```
workbook.remove(worksheet)
del workbook["工作表名"]
```

注意：工作簿中至少要有一个工作表。

（5）设置行高和列宽：

```
worksheet.row_dimensions[1].height = 14      # 设置第一行高度
worksheet.column_dimensions['A'].width = 12 # 设置第一列宽度
```

（6）往工作表写入一行或多行数据：

```
worksheet.append(row)                            # row 为列表
```

（7）设置单元格风格：

先导入需要的类 from openpyxl.styles import Font, colors, Alignment。然后分别指定字体、颜色和对齐方式。

```
font = Font(name="黑体", size=12, bold=True, italic=True, color=colors.RED)
worksheet.cell(行, 列).font = font
alignment = Alignment(horizontal="center", vertical="center")
worksheet.cell(行, 列).alignment = alignment
```

（8）往单元格写入内容：

```
worksheet.cell(行, 列, 值)
```

（9）保存 Excel 文件：

```
workbook.save("文件名.xlsx")
```

这里以图 10.3 所示的 scores.xlsx 文件为例。下面程序打开 scores.xlsx 文件，读取内容，计算总分，写入 new_scores.xlsx 文件中。

```
import openpyxl
from openpyxl.styles import Font, colors, Alignment
workbook_in = openpyxl.load_workbook("scores.xlsx")
sheet_name = workbook_in.sheetnames[0]
worksheet_in = workbook_in[sheet_name]      # 第一个工作表
workbook_out = openpyxl.Workbook()
worksheet_out = workbook_out.active         # 默认空白工作表
worksheet_out.title = "成绩表"               # 更改工作表名
row = worksheet_in[1]                        # 获取标题字段名
title = []
for i in range(len(row)):
        title.append(row[i].value)
title.append("总分")                          # 添加一个新的标题字段
worksheet_out.row_dimensions[1].height = 18     # 设置第一行高度
worksheet_out.column_dimensions['A'].width = 14  # 设置第一列宽度
title_font = Font(name="黑体", size=12, bold=True, color=colors.RED)
content_font=Font(name="黑体", size=12, bold=True, italic=True, color=colors.
BLUE)
alignment = Alignment(horizontal="center", vertical="center")
for i in range(len(title)):                       # 写入第一行
        worksheet_out.cell(1, i + 1).font = title_font
        worksheet_out.cell(1, i + 1).alignment = alignment
        worksheet_out.cell(1, i + 1).value = title[i]
for i in range(2, worksheet_in.max_row + 1):
        row = worksheet_in[i]
        total = (row[3].value + row[5].value) * 0.2 + (row[4].value + row[6].value)
* 0.3
        content = []
        for j in range(len(row)):
                content.append(row[j].value)
        content.append(int(total))
        for j in range(len(content)):
                worksheet_out.cell(i, j + 1).font = content_font
                worksheet_out.cell(i, j + 1).alignment = alignment
                worksheet_out.cell(i, j + 1, content[j])
workbook_out.save("new_scores.xlsx")
```

变量 total 中存放按比例计算的总分，取整并添加到 content 列表中，cell 方法将 content 列表中的值写入对应的单元格。

使用 Excel 程序打开 new_scores.xlsx，查看其内容，如图 10.6 所示。

	A	B	C	D	E	F	G	H
1	学号	姓名	性别	作业成绩	实验成绩	期中成绩	期末成绩	总分
2	2017211001	李川	女	86	82	68	64	74
3	2017211002	祝琪琪	女	90	84	66	70	77
4	2017211003	曹健	男	80	89	80	80	82
5	2017211004	邱和顺	男	81	77	74	66	73
6	2017211005	王灿金	男	82	49	68	72	66

图 10.6 new_scores.xlsx 文件

思考与练习

1. 什么是文本文件？什么是二进制文件？

2. 如何打开一个文件用于输入？如何打开一个文件用于输出？如何打开一个文件用于追加数据？如何打开一个文件用于输入/输出？

3. 什么是文件位置指示器？如何实现文件定位操作？

4. 如何检测是否成功打开文件？如何检测是否到达文件末尾？

5. 什么是对象序列化和反序列化？如何使用 pickle 模块和 json 模块实现对象序列化和反序列化操作？

6. 什么是内存文件？如何实现内存文本文件和内存二进制文件的读写操作？

7. 什么是 CSV 文件？如何使用 csv 模块实现 CSV 文件的读写操作？

8. 如何使用 openpyxl 模块实现 Excel 文件的读写操作？

9. 下列程序执行后，文件 example.txt 中内容是什么？

```
def main():
    fun("example.txt ", "amazing")
    fun("example.txt ", "awesome")
def fun(filename, s):
    outfile = open(filename, "w")
    outfile.write(s)
    outfile.close()
main()
```

10. 写出下列程序的输出结果。

```
def main():
    iofile = open("example.txt", "w+")
    for i in range(1, 10):
        iofile.write(str(i))
    iofile.seek(7)
    print(iofile.read(1))
    iofile.close()
main()
```

编 程 题

1. 编写程序，生成若干 100～999 的随机整数存入文本文件 example.txt 中，文件每行存放 5

个整数，每行整数之间用一个空格间隔，行末不能有空格。

【运行示例】

输入需要生成的随机整数个数：15↙

文件 example.txt 的内容：

771 270 412 613 734

349 257 493 154 773

132 359 931 341 948

注意：每次运行结果可能是不同的。

2. 编写一个文本文件加密程序。将一个明文文件中的内容，按照一定的方法，对每个字符加密后存放到另一个密文文件中。这里采用将每个字符的编码加 2 的加密方法。

【运行示例】

输入明文文件名：plaintext.txt↙

输入密文文件名：ciphertext.txt↙

加密成功！

假设 plaintext.txt 文件的内容是 Welcome to Python!，则加密后 ciphertext.txt 文件的内容是 Ygneqog"vq"R{vjqp#。

3. 编写程序，有两个文本文件 a.txt 和 b.txt，它们的内容均为一行字符串（由字母和逗号构成），要求把两个文件中的信息合并（按字母顺序排列），输出到文本文件 c.txt 中。

假设 a.txt 文件的内容是 a,e,i,o,u，b.txt 文件的内容是 love,xtz，则合并后 c.txt 文件的内容是：aeeilootuvxz。

4. 编写程序，统计一个 Python 源程序文件（.py 格式文件）中 Python 关键字的个数。

5. 编写程序，统计一个文本文件（英文文章）中单词的出现次数，并将出现次数最多的前 10 个单词及其出现次数降序显示在屏幕上。

参 考 文 献

[1] Zelle J. Python Programming: An Introduction to Computer Science[M]. 3rd ed. Franklin: Beedle & Associates, 2016.

[2] Downey A B. Think Python: How to Think Like a Computer Scientist[M]. 2nd ed. Sebastopol: O'Reilly Media, 2015.

[3] Liang Y D. Introduction to Programming Using Python[M]. New York: Pearson Education Inc, 2013.

[4] 虞歌. 程序设计基础：以 C++为例[M]. 北京：清华大学出版社，2013.

[5] 虞歌. 程序设计基础：以 C 为例[M]. 北京：清华大学出版社，2012.